听爸爸妈妈讲

大自然的故事

爱德少儿 编绘

浙江人民美术出版社

图书在版编目（CIP）数据

大自然的故事 / 爱德少儿编绘. —杭州：浙江人民美
术出版社，2022.1
（听爸爸妈妈讲）
ISBN 978 - 7 - 5340 - 9186 - 5

Ⅰ．①大…　Ⅱ．①爱…　Ⅲ．①自然科学－儿童读物
Ⅳ．①N49

中国版本图书馆 CIP 数据核字（2021）第 249078 号

责任编辑：雷　芳
责任校对：郭玉清
装帧设计：爱德少儿
责任印制：陈柏荣

听爸爸妈妈讲　**大自然的故事**　　　　　　　　爱德少儿　编绘

出版发行：浙江人民美术出版社
地　　址：杭州市体育场路 347 号
经　　销：全国各地新华书店
制　　版：湖北省爱德森森文化传播有限公司
印　　刷：湖北金港彩印有限公司
版　　次：2022 年 1 月第 1 版
印　　次：2022 年 1 月第 1 次印刷
开　　本：889mm × 1194mm　　1/24
印　　张：8
字　　数：180 千字
书　　号：ISBN 978 - 7 - 5340 - 9186 - 5
定　　价：26.80 元

如发现印装质量问题，影响阅读，请与承印厂联系调换。

目录 CONTENTS

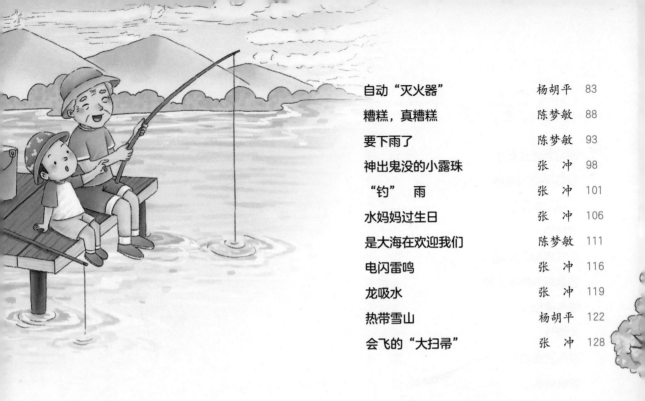

海马爸爸生孩子

文 / 张冲

yǒu yì tiān　xiàng pí yú mā ma yù jiàn le dà dù zi hǎi mǎ　gǎn máng wèn
有一天，橡皮鱼妈妈遇见了大肚子海马，赶忙问

dào　nǐ kuài shēng hái zi le ba
道："你快生孩子了吧？"

dà dù zi hǎi mǎ huí dá　shì a　shì a　shuō zhe　tā jiāng
大肚子海马回答："是啊，是啊！"说着，它将

wěi ba hé yì kē hǎi zǎo chán rào zài yì qǐ　bù tíng de zài shuǐ zhōng bǎi dòng shēn zi
尾巴和一棵海藻缠绕在一起，不停地在水中摆动身子。

měng de　tā bǎ tóu yì tái　dù zi shàng jiù kāi le shàn　chuāng hu　jǐn jiē
猛地，它把头一抬，肚子上就开了扇"窗户"，紧接

zhe　xiàng fàng pào shì de　cóng lǐ miàn tán chū yì zhī zhī xiǎo hǎi mǎ
着，像放炮似的，从里面弹出一只只小海马。

xiàng pí yú mā ma jiàn hǎi mǎ shēng hái zi zhè me chī lì　bù jīn gǎn tàn dào
橡皮鱼妈妈见海马生孩子这么吃力，不禁感叹道：

dāng mā ma zhēn bù róng yì ya
"当妈妈真不容易呀！"

"是啊，是啊！"大肚子海马点点头，"不过，当爸爸也不容易啊！"

橡皮鱼妈妈摆摆尾巴说："爸爸又不生孩子，整天东游西逛，多快活！"

"谁说的！我这当爸爸的不也要生孩子吗？"大肚子海马一挺肚子，又从"窗口"弹出了几只小海马。

"什么？你是海马爸爸？"橡皮鱼妈妈听了，好奇地游到大肚子海马面前，瞪大眼睛看那弹出小海马的"窗口"。

"这是我的'育儿袋'。"海马爸爸笑着说,"孩子们的妈妈把卵子送到我这'育儿袋'里。五六十天后,宝宝长大了,我就把它们生出来。"

说着,海马爸爸憋着一股劲儿,脸涨得通红,然后又一使劲,"呼"的一声,从育儿袋里弹出最后一只小海马。海马爸爸喘了口气,对橡皮鱼妈妈说:"你瞧瞧,我这样生孩子容易吗?"

"怪事怪事,还有生孩子的爸爸呢!"橡皮鱼妈妈惊奇地叫起来。它一甩尾巴,向同伴们报告去啦!

知识拓展

原来,小海马是海马爸爸生出来的呀!在繁殖的季节,海马妈妈会把卵子释放到海马爸爸身上的"育儿袋"里,再由海马爸爸负责给这些卵子受精。等受精卵发育成形后,海马爸爸就会生出小海马。

爱搞怪的弹涂鱼

文 / 张冲

退潮了，一条大弹涂鱼从地洞中爬出来，像蝶泳似的在滩涂上行进着。

只见这条大弹涂鱼穿着一件漂亮的衣服，衣服上面镶了许多"蓝宝石"。突然，它一侧身子，像滑倒似的在泥地上打了一个滚。很快，那黑色的泥浆沾满了它的身体。就这样，它一会儿左侧翻，一会儿右侧翻，把自己折腾得像个泥猴一样。

"好怪呀！"一只招潮蟹看见大弹涂鱼的举动，忍不住问道，"你这是怎么啦？难道是喝醉了酒？"

"你才喝酒了呢！没看见那像火球一样的太阳吗？"大弹涂鱼没好气儿地回答。

招潮蟹举起右边的大螯，侧眼看了看火辣辣的太阳，说："太阳是刺眼了点儿，但你也犯不着老翻跟头呀！"

"这你就不懂啦！"大弹涂鱼鼓起两个鳃盖说，"我们虽然是世界上唯一能在陆地上爬行、打洞和保护领地的鱼，能用皮肤呼吸，但也离不开水呀！如果太阳把我们的皮肤晒干了，我们就没法儿呼吸了，那怎么行！"

"原来你这是为了保证皮肤的正常呼吸呀！"招潮蟹挥了挥大螯，总算明白了其中的道理。

就在这时，大弹涂鱼看见身边有个水洼，它没有跳到水洼里，却像水牛喝水似的把嘴伸到水洼边。慢慢地，它的两鳃鼓了起来，成了两个大"水袋"。

招潮蟹又纳闷儿了："不把水喝到肚子里，含在嘴里干什么？难道它想吹水球给我看？"想到这里，招潮蟹也吹起了泡泡，似乎要与大弹涂鱼比一比，看谁的泡泡吹得大。

大弹涂鱼才不理招潮蟹呢，它一抬头，继续往前爬。

“别走别走，我还没有吹好呢！”招潮蟹飞快地拦住了大弹涂鱼，“你吹水球，我吹气球，咱们比一比，看谁吹的球大。”

“谁在吹水球呀！”大弹涂鱼瞪着两只像铜铃似的大眼睛说，“这是我准备的氧气水袋，留着在陆地上呼吸用的。”

“带着水袋去旅行，你这个方法真奇妙！”招潮蟹这才知道，大弹涂鱼奇怪的行为和模样都是为了在陆地上生存才进化出来的。

知识拓展

除了能在水中生活外，弹涂鱼还能在陆地上行走、跳跃，甚至爬上树。这不仅得益于它独特的呼吸器官与呼吸方式，还因为它拥有发达的胸鳍和腹鳍。当它爬树时，腹鳍像吸盘一般，会牢牢地附着在大树上。

会唱歌的尾巴

文 / 徐光梅

一条小响尾蛇从草丛里爬了出来，它的肚子饿极了，正在四处寻找食物呢。可是直到现在，它连一只小飞虫都没碰到。

离开家的时候，响尾蛇妈妈对小响尾蛇说："我们的尾巴会唱歌。因为我们的尾巴上有响环，响环是由我们蜕皮后的残存物组成的。只要你摇动响环，尾巴就会唱起歌来。所以动动脑子，你就不会挨饿的。"

"可是，唱歌又有什么用呢？难道唱歌还能唱出食物来？"小响尾蛇这样想着，晃动了几下尾巴。果

rán tā de wěi ba fā chū le xiǎng shēng　　　gā lā gā lā　　gā lā gā lā
然，它的尾巴发出了响声："嘎啦嘎啦，嘎啦嘎啦……"

zhè shēng yīn zhēn hǎo tīng　　xiàng shí tou shàng liú dòng zhe de qīng quán shuǐ fā chū de
这声音真好听，像石头上流动着的清泉水发出的。

xiǎo xiǎng wěi shé gāo xìng de xiǎng　　yuán lái wǒ de wěi ba hái néng chàng chū zhè
小响尾蛇高兴地想："原来我的尾巴还能唱出这

me hǎo tīng de gē ya　　tā yòu qīng qīng de huàng dòng le jǐ xià wěi ba　　gā
么好听的歌呀！"它又轻轻地晃动了几下尾巴，"嘎

lā gā lā　　zhēn de fēi cháng hǎo tīng ne
啦嘎啦"，真的非常好听呢！

zài bù yuǎn de dì fang　　yì zhī kǒu kě de tǔ bō shǔ tīng dào le　　gā lā
在不远的地方，一只口渴的土拨鼠听到了"嘎啦

gā lā　　de shēng yīn　　ā　　shuǐ　　tǔ bō shǔ yòu cè ěr xì tīng　　zhēn de
嘎啦"的声音。啊，水！土拨鼠又侧耳细听，真的，

真的是流水声呢。它立刻循声赶来。小响尾蛇听到响动，提高了警惕，但它还在继续晃动着尾巴，"嘎啦嘎啦，嘎啦嘎啦……"土拨鼠还以为能喝到清冽的泉水呢。可是，它刚赶到这里，却被一口咬住，成了小响尾蛇的一顿美餐。

响尾蛇就是用它那会唱歌的尾巴寻找食物的。

知识拓展

响尾蛇用会唱歌的尾巴来引诱猎物，当它抓到猎物时，会一口咬住对方，再从头部的毒液囊中经牙齿释放出毒液，从而迅速制服猎物。响尾蛇可真是一位天生的"猎手"啊！

蛤蟆功

文 / 徐光梅

小灰鼠和癞蛤蟆成了好朋友。小灰鼠的伙伴们都笑话小灰鼠。

"你怎么交这么丑的朋友呀？"

"是啊，一个大嘴巴，满身是疙瘩，难看死了。"

小灰鼠说："虽然癞蛤蟆长得有点儿难看，但是它对朋友很好，而且它还会蛤蟆功呢！"

"蛤蟆功？哈哈……"小灰鼠的伙伴们全都笑了，"就它那个丑样子，还会练功？你让它练给我们看看呀！"

小灰鼠找到癞蛤蟆，让它练蛤蟆功给伙伴们瞧瞧。可是癞蛤蟆说："蛤蟆功得在危险、关键的时候发挥作用，不是用来表演的，更不是用来获得别人的夸赞的。"

"我就说嘛，它根本不会蛤蟆功，它在吹牛呢！"伙伴们纷纷说。小灰鼠并不理会大家的嘲笑，还是继续和癞蛤蟆做好朋友。

有一天，小灰鼠和癞蛤蟆玩捉迷藏的游戏，小灰鼠躲进了草丛里。

突然，爬过来一条大花蛇！"啊……"小灰鼠吓得尖叫，飞快地跳出草丛。大花蛇

zhuī le shàng lái
追了上来。

lài há ma tīng dào le　　　　lì kè tiào dào dà huā shé gēn qián　　dà hè dào
癞蛤蟆听到了，立刻跳到大花蛇跟前，大喝道：

kuài tíng xià　　shuí gǎn shāng hài wǒ de péng you　　wǒ jiù duì tā bú kè qi
"快停下！谁敢伤害我的朋友，我就对它不客气！"

hā hā　　yòu lái le yí gè bú pà sǐ de　　kàn wǒ zěn me shōu shi nǐ
"哈哈！又来了一个不怕死的。看我怎么收拾你！"

dà huā shé shuō zhe　　zhāng kāi dà zuǐ cháo lài há ma pū guò qù
大花蛇说着，张开大嘴朝癞蛤蟆扑过去。

zài zhè guān jiàn shí kè　　zhǐ jiàn lài há ma shǐ jìn yì xī qì　cóng shēn shang
在这关键时刻，只见癞蛤蟆使劲一吸气，从身上

· 13 ·

的疙瘩里喷出好多白色的浆液，射到大花蛇的眼睛里和身上。"啊！痛死我啦……"大花蛇大叫着赶紧逃走了。

"哈哈……"小灰鼠和癞蛤蟆开心地笑了。

"谢谢你用蛤蟆功救了我！"

"不用谢！好朋友就应该互相帮助嘛！"

这一切都被从那里经过的小灰鼠的伙伴们看见了。从那以后，再也没有小动物嘲笑癞蛤蟆了。大家都和癞蛤蟆成了好朋友。

知识拓展

　　癞蛤蟆的身体表面分布着许多疙瘩，里面长有毒腺。每当有动物想伤害它时，它就分泌出许多毒液。动物们受到毒液的刺激，就不得不放过它了。此外，癞蛤蟆还能吃掉许多害虫，是保护庄稼的小能手！

小穴鸟和灭火蛇

文／张冲

南美洲有一条长长的河，叫亚马孙河。亚马孙河畔有一片茂密的树林。树林里住着一种像乌鸦似的小鸟，它的名字叫穴鸟。穴鸟有个奇怪的习惯——专爱捡破烂儿。哪个小男孩粗心大意摔坏了瓷碗，它就把小瓷片拾回家藏起来；哪个小姑娘不小心摔坏了大圆镜，它就把小镜片拾回家藏起来……穴鸟家里，到处都是这些东西，你说这种习惯怪不怪？

这一天，一只小穴鸟吃完早饭，又到外面捡破烂儿了。它飞呀，飞呀，忽然看见小路上有个小红点儿，

就好奇地飞了过去。

原来，小红点儿是个没熄灭的香烟头。小穴鸟可不认识，它觉得挺新鲜，叼起来就往家里飞。

小穴鸟扑扇着翅膀，风呼呼地吹过，香烟头燃得更红火了，小穴鸟越看越喜欢。一到家，它就"呜啦呜啦"嚷开了："快来看呀，我又捡到一个宝贝啦！"

树林里的伙伴们早就习惯了小穴鸟的咋呼，谁也没理会它。小穴鸟看大家并不感兴趣，就在树林里绕着圈子广播起来："快去看呀，我家有颗红宝石，风一吹就放红光呢！"

树林里的动物们一听，从四面八方赶到小穴鸟的家。小穴鸟心里一阵高兴，也连忙飞回家。

"快来救火呀！"不知谁在急促地呼喊着。

小穴鸟一看，不好，在自己草窝的下面，一团火燃了起来！"啊，我的宝贝！我的宝贝！"小穴鸟一边飞着，一边叫着。

可是已经迟了，小穴鸟的草窝早就没了，火苗马上就要在树下蔓延开来。

眼看火苗越蹿越高，整片树林都有被毁掉的危险。在这危急关头，从草丛里钻出七八条蛇来。它们"呼呼"地扑向火堆。

这七八条蛇，有的像竹鞭似的抽打着火苗，有的像滚轴一样碾压着火苗……火堆捣散了，冒出一股股青烟。当其他动物赶来的时候，大火已经被扑灭了。

大家围住树林里的消防员——灭火蛇，帮它们清除粘在身上的草灰。只有小穴鸟孤零零地停歇在一棵树上掉眼泪。它是惭愧呢，后悔呢，还是在为失去的"宝贝"伤心呢？只有它自己知道。

知识拓展

灭火蛇之所以不怕火，甚至能扑灭火，是因为它的表皮可以分泌出一种液体，这种液体能够隔绝高温。当这种液体被烘干后，灭火蛇便失去了"防护罩"，需要尽快避开火源了。

想剃胡须的小泥鳅

文 / 杨胡平

在一个大池塘里，生活着好多小动物：小草鱼、小鲤鱼、小青蛙、老乌龟、小虾，还有小泥鳅……这些小动物常在绿油油的水草间做游戏。

有一次，大家玩捉迷藏的游戏。因为小泥鳅长着长长的胡须，所以总会被其他小伙伴轻易地发现。

还有一次，大家一起做游戏时，小泥鳅的胡须不小心碰到了小青蛙的眼睛。小青蛙捂着眼睛，揉了好一阵子，眼睛才不难受了。

"小泥鳅的胡须太讨厌了，我们不跟它玩游戏了。

tā de hú xū huì nòng tòng wǒ men de yǎn jing
它的胡须会弄痛我们的眼睛。" 小青蛙生气地说。
xiǎo qīng wā shēng qì de shuō

wū guī yé ye yí dà bǎ nián jì le dōu méi yǒu zhǎng chū hú xū ér
"乌龟爷爷一大把年纪了，都没有长出胡须，而
xiǎo ní qiu cái duō dà ya jiù zhǎng chū le cháng cháng de hú xū zhēn nán kàn
小泥鳅才多大呀，就长出了长长的胡须，真难看！"
xiǎo cǎo yú xiào de tǔ chū le yì cháng chuàn pào pao
小草鱼笑得吐出了一长串泡泡。

dōu shì zì jǐ de hú xū rě de huò xiǎo ní qiu gǎn dào nán guò jí le
都是自己的胡须惹的祸，小泥鳅感到难过极了。
tā jué dìng tì diào zhè xiē tǎo yàn de hú xū
它决定剃掉这些讨厌的胡须。

"妈妈，我要剃掉我的胡须。您能帮帮我吗？"小泥鳅对泥鳅妈妈说。

"你可以告诉妈妈，为什么要这么做吗？"泥鳅妈妈问。

"我和小伙伴们做游戏时，长长的胡须不小心弄痛了小青蛙的眼睛。还有乌龟爷爷，都几百岁了也没有胡须，而我小小年纪就长出了长长的胡须，好难看！我要剃掉这些胡须。可是剃掉胡须时，我会感到痛吗？"小泥鳅担心地问。

"其实我们泥鳅家族的每个成员，都长着长长的胡须。虽然有些难看，但是千万别小看了这些胡须，它们的作用可大着呢！我们在水底活动时，需要借助胡须才能找到食物。"泥鳅妈妈耐心地说。

"妈妈，您的意思是，在光线昏暗的地方，我们只有通过胡须，才能找到食物。否则，我们是找不到食物的。是这样吗？"小泥鳅问妈妈。

"是这样的。所以你应该为自己拥有这样的胡须感到开心呀！"泥鳅妈妈说。

小泥鳅高兴极了，它再也不为自己有胡须而烦恼了。因为胡须也有胡须的作用呢！

知识拓展

泥鳅主要生活在湖泊、池塘、稻田等水域的淤泥中。因长期生活在黑暗的环境里，泥鳅的视力非常差。不过，它的触须却十分敏感，在寻找食物与躲避敌人时起着关键性作用。

蜂鸟傻眼了

文 / 陈立凤

夏天到了，阳光直射进草丛里。温暖潮湿的环境很舒适，虫草蝙蝠蛾将卵产在了草叶上。

不久，虫宝宝被孵化出来了，个个都很调皮。它们把叶子当成了滑梯，"哧溜哧溜"，一个接一个地从上面滑下来，笑声充满了草丛。在花瓣上吸食花蜜的小蜂鸟听到笑声，赶忙凑过来瞧热闹。

此时，蝙蝠蛾妈妈已经没多少力气了，它顾不上看孩子们玩耍，硬撑着身体仔细地数自己的孩子："一、二、三……"数了不知道多少次，最后几乎听不到声音了。

小蜂鸟见蝙蝠蛾妈妈那么辛苦，很感动，就飞上前对蝙蝠蛾妈妈说："我来替您数吧！""太……太谢谢你了，希望你能帮我照看好……我的孩子。"说完，蝙蝠蛾妈妈永远地闭上了眼睛。

小蜂鸟本来想帮忙数小宝宝，没想到会被嘱托照看孩子。受人之托，得好好尽力啊！认真的小蜂鸟飞来飞去，数起了蝙蝠蛾妈妈的孩子。

旁边一只肚皮吃得圆滚滚的大蜂鸟感到很好奇，飞过来问："你干什么呢？"

“我在帮蝙蝠蛾妈妈数孩子。”小蜂鸟连眼珠都不敢转，边数边回答。

“哈哈，你还真善良呢，我来帮你。”于是，一大一小两只蜂鸟认真地数着蝙蝠蛾妈妈的小宝宝。

旁边一只七星瓢虫看不下去了，不屑地说：“你们别数了，数多少次也是瞎子点灯——白费蜡，明年数量肯定会不一样的。”

“为什么啊？”小蜂鸟好奇地问。

“嘻嘻，这里面的奥秘我也不太清楚。你们要是不信我说的，等明年夏天蝙蝠蛾妈妈的孩子从土里钻出来，你们再数，看我说得对不对。”两只蜂鸟你瞅瞅我，我看看你，谁都没说话，心里却都想：“明年夏天一定要再来这里数虫宝宝。”

活泼调皮的虫宝宝们玩够了，一个个钻进松软的土壤里。太阳落山的时候，草丛里恢复了平静。两只蜂鸟一起去寻找鲜艳的花朵吸食花蜜去了。

第二年夏天，太阳把土地照得暖暖的。虫宝宝们钻进土壤的地方长出了一棵棵嫩绿嫩绿的小草。

两只蜂鸟又结伴飞过来数虫宝宝。小蜂鸟伸着脖子喊："虫宝宝们，快出来，我来看你们了。"它的话还真管用，虫宝宝们相继钻了出来。两只蜂鸟仔细地数，可怎么数都不对头。虫宝宝似乎比去年少了许多，小蜂鸟急得满头大汗。

大蜂鸟安慰道："别着急，有的虫宝宝兴许还没睡醒。要不然，你再喊喊。"

性急的小蜂鸟落到一棵嫩草上，扯着嗓门大声喊："虫宝宝，快出来！虫宝宝，快出来！""哎呀，好沉啊，压得我的腰都快要断了！我早就出来了。"

xiǎo fēng niǎo xià le yí tiào gǎn máng
小蜂鸟吓了一跳，赶忙

cóng nèn cǎo shàng fēi qǐ lái
从嫩草上飞起来。

dà fēng niǎo hào qí de chōng shàng
大蜂鸟好奇地冲上

lái wèn   nǐ shì shuí a
来问："你是谁啊？"

xiǎo nèn cǎo tiáo pí de shuō   hā
小嫩草调皮地说："哈

hā wǒ jiù shì nǐ men yào zhǎo de
哈，我就是你们要找的

chóng bǎo bao a
虫宝宝啊！"

tīng dào zhè lǐ   liǎng zhī fēng
听到这里，两只蜂

niǎo dōu shǎ yǎn le
鸟都傻眼了。

知识拓展

　　虫草蝙蝠蛾的宝宝钻进土壤过冬时，倘若遇上虫草真菌，这种真菌的孢子会侵入虫宝宝体内，使虫宝宝的躯体僵化。第二年夏天时，虫宝宝长出地面成为小草。这种小草就是"冬虫夏草"，是一种珍贵的中药材。

大盗贼

文 / 陈立凤

丛林里，雷鸟趴在深草丛中眯着眼睛晒太阳。

突然，一个飞影从空中掠过，落在离雷鸟不远的一棵老松树上。雷鸟迅速睁大眼睛看，发现原来是只松鸦，它的嘴上叼着自己最喜欢吃的坚果，正四下张望呢。

雷鸟伸着脖子咽了口唾沫，心想："松鸦叼着美食不吃，想干什么呀？"为了弄明白松鸦的"鬼把戏"，雷鸟一动不动地在草丛里趴着。

松鸦见四周没什么动静，就从老松树上飞下来，用嘴在老松树根部掘个小洞，把坚果藏进去，然后用土把洞填好，还叼了根干树枝放在上面。

"哈哈，原来松鸦在储备过冬的食物。那坚果可是我最喜欢的美食呢，天上掉馅饼的好事竟落到自己头上了。"雷鸟心里这个美呀。

松鸦藏好坚果后又飞上树，左看看，右瞅瞅，确定没有偷窥者，才放心地飞走了。雷鸟在心里琢磨："我要是跟踪松鸦，不就能知道更多藏坚果的地点了吗？到冬天，我就不愁饿肚子了。"于是，雷鸟拔腿朝松鸦飞走的方向急速追去。

松鸦的动作还真快呢，不知从哪儿又叼来一枚更大的坚果。雷鸟正"嗖嗖嗖"地往前跑，松鸦已经朝松林这边飞回来了。雷鸟跟着转身，也朝松林里面跑。

松鸦警惕地掉头往林子外面飞，雷鸟也掉头往林子外面追。这样来来回回好几次，松鸦累了，雷鸟也累了。

松鸦飞到附近的一棵大树上，把坚果放到树杈上，大声对雷鸟说："你为什么总跟着我啊？"

雷鸟喘着粗气说："我……我这是在锻炼身体呢！"松鸦觉得雷鸟在说谎，有些生气，便扭头不再理它。

雷鸟尴尬地吃了几粒草籽，心想："这样明目张胆地跟踪人家，的确不好，显得自己多傻啊，得采取点儿策略。"想到这儿，雷鸟又拔腿跑起来。

松鸦觉得这只雷鸟真奇怪，没事到处乱跑，于是瞪着眼睛观察起来。结果，雷鸟在松林边上来来回回地跑，没完没了。松鸦看着都累得慌，便又衔起坚果，向松林深处飞去。

等松鸦刚把坚果藏好，就听到草丛里传来"嗖嗖嗖""哗哗哗"的声音。"不好，盗贼来了。"松鸦马上飞到空中，只见还是那只雷鸟，它正在不远处的歪脖树底下慢跑。于是，松鸦拍拍翅膀飞走了。雷鸟知道松鸦藏坚果的大致地点后，也扭头跑开了。

可没过一会儿，松鸦又飞了回来。它把刚藏好的坚果从洞里挖出来，找了个更隐蔽的地方重新藏好。这次等到没什么动静了，松鸦才放心地飞走。

冬天来了，大地上一片雪白。雷鸟的肚子饿得"咕咕"响，就去松鸦藏坚果的歪脖树附近。可是，它挖了好久，也没找到坚果的影子。

这时，树上传来了说话声："省点儿力气吧！这里没有好吃的。"

雷鸟抬头一看，发现是那只藏坚果的松鸦。雷

niǎo méi liào dào zì jǐ huì bèi dāng chǎng zhuā zhù liǎn shuā de yí xià hóng le qǐ
鸟没料到自己会被当场抓住，脸"唰"的一下红了起
lái dàn tā zhuǎn niàn yì xiǎng sōng yā bìng méi yǒu zhèng jù
来。但它转念一想，松鸦并没有证据。

yú shì léi niǎo zhī wu zhe shuō wǒ zài duàn liàn ne tā zhè yì
于是，雷鸟支吾着说："我在锻炼呢。"它这一
shuō sōng yā jǐng tì de shuō dào nǐ zhǎng de hěn xiàng zài qiū tiān lái huí luàn pǎo
说，松鸦警惕地说道："你长得很像在秋天来回乱跑
de yì zhī niǎo zhǐ shì yán sè bù tóng
的一只鸟，只是颜色不同。"

sōng yā mǎn fù hú yí de fēi zǒu hòu léi niǎo mǎ shàng jì xù xún zhǎo zhe jiān
松鸦满腹狐疑地飞走后，雷鸟马上继续寻找着坚
guǒ zhè cì tā zhōng yú wā dào le tā gāng bǎ jiān guǒ zhuó jìn zuǐ lǐ jiù
果。这次，它终于挖到了。它刚把坚果啄进嘴里，就
tīng jiàn kōng zhōng fēi lái de sōng yā dà hǎn dà dào zéi dà dào zéi
听见空中飞来的松鸦大喊："大盗贼，大盗贼！"

知识拓展

雷鸟主要生活在寒冷的冻原地区，羽毛能随季节变化而改变
颜色，形成与环境相适应的保护色。夏天时，冻原地区植被渐
黄，雷鸟羽毛的颜色也变成了褐色夹杂灰色斑纹；冬天，它又
换上一身雪白的羽毛，在雪地上行走时很难辨认。

有用的尾巴

文／张冲

一只蝌蚪褪去尾巴，变成了小青蛙。小青蛙感到很奇怪，为什么小时候长着的尾巴，现在没有了呢？

它决定去问问岸上的朋友。

小青蛙蹦呀蹦，遇见了一只小老虎。小青蛙问："你小时候就长着尾巴吗？"小老虎点点头。

"你的尾巴为什么不掉呢？"小青蛙又问。小老虎说："我们的尾巴是武器呀，捕食的时候用尾巴一扫，就能把猎物打倒，怎么能少呢？"说完，它摇了摇尾巴，追捕猎物去了。

小青蛙蹦呀蹦，遇见了一匹小白马。小青蛙问："你小时候就长着尾巴吗？"小白马点点头。

"你的尾巴为什么不掉呢？"小青蛙又问。小白马说："我的尾巴是扇子呀，用它可以扑打蚊子、苍蝇和灰

chén　　　zěn me néng shǎo ne　　　　　shuō wán　　　tā bǎi le bǎi wěi ba　　　pǎo kāi le
尘，怎么能少呢？"说完，它摆了摆尾巴，跑开了。

　　　　xiǎo qīng wā bèng ya bèng　　bèng dào yí kuài shí tou páng　　zhǐ jiàn yíng miàn pǎo lái
　　小青蛙蹦呀蹦，蹦到一块石头旁，只见迎面跑来

yì tiáo duàn le wěi ba de xiǎo xī yì　　　xiǎo xī yì lán zhù xiǎo qīng wā shuō　　　bié
一条断了尾巴的小蜥蜴。小蜥蜴拦住小青蛙说："别

guò qù　　　qián miàn yǒu tiáo xiǎng wěi shé　　　xiǎo qīng wā yí kàn　　　bù yuǎn de dì fang
过去，前面有条响尾蛇。"小青蛙一看，不远的地方，

　yì tiáo xiǎng wěi shé zhèng qiào zhe wěi ba zài yáo huàng　　zuǐ lǐ hái yǎo zhe yí duàn wěi ba
一条响尾蛇正翘着尾巴在摇晃，嘴里还咬着一段尾巴。

　　　　yuán lái　　　xiǎo xī yì de wěi ba shì bèi xiǎng wěi shé yǎo diào de　　　xiǎo qīng wā
　　原来，小蜥蜴的尾巴是被响尾蛇咬掉的。小青蛙

lián máng wèn xiǎo xī yì　　　　nǐ xiǎo shí hou jiù zhǎng zhe wěi ba ma
连忙问小蜥蜴："你小时候就长着尾巴吗？"

　　　　xiǎo xī yì diǎn dian tóu　　fèn nù de shuō　　　　wǒ de wěi ba bèi huài shé yǎo
　　小蜥蜴点点头，愤怒地说："我的尾巴被坏蛇咬

掉了。那些蛇总是想伤害我们。为了生存，我们只有用尾巴骗骗它们。过一段时间，我还会长出新尾巴来的。"原来，小蜥蜴的尾巴可以用来帮助逃生。

听了这几位朋友的介绍，小青蛙懂得了一个道理："动物的尾巴都有各自的用途，我的尾巴没有了，是因为没有用处了呀！"

知识拓展

在青蛙还是小蝌蚪的时候，它需要依靠尾巴来帮助身体游动。等小蝌蚪长大变成青蛙后，则是借助后肢和蹼来游泳，因此，失去了"用武之地"的尾巴也渐渐消失了。

蜻蜓点水

文／张冲

chí táng biān　　yì qún xiǎo qīng wā　　guā guā guā　　de jiào de zhèng huān　　tā
池塘边，一群小青蛙"呱呱呱"地叫得正欢。它

men gào su dà jiā　　tiān kuài xià yǔ le
们告诉大家，天快下雨了。

xiàng lái còu rè nao shì de　　bù zhī cóng nǎr　　fēi lái yì qún dà qīng tíng
像来凑热闹似的，不知从哪儿飞来一群大蜻蜓。

tā men zài chí táng shàng kōng pán xuán zhe　　xǐ nào zhe　　hū gāo hū dī　　hū zuǒ hū
它们在池塘上空盘旋着，嬉闹着，忽高忽低，忽左忽

yòu　　tā men yǒu de shēn shang shǎn zhe lán guāng　　yǒu de gǔ zhe hóng dù pí　　hái
右。它们有的身上闪着蓝光，有的鼓着红肚皮，还

yǒu de hù xiāng zhuī zhú zhe　　xiàng zài wán yóu xì
有的互相追逐着，像在玩游戏。

　　tū rán　　　yǒu jǐ zhī dà qīng tíng cóng kōng zhōng diē luò xià lái
　　突然，有几只大蜻蜓从空中跌落下来。

　　　wēi xiǎn　　àn biān yì zhī jiào qīng qīng de xiǎo qīng wā kàn jiàn le　　　pū
　　"危险！"岸边一只叫青青的小青蛙看见了，"扑

tōng　yì shēng tiào xià shuǐ　　gǎn máng qù yuán jiù kuài yào luò shuǐ de qīng tíng　　tā yóu
通"一声跳下水，赶忙去援救快要落水的蜻蜓。它游

de kuài jí le　　yí huìr　gōng fu　　jiù yóu dào le chí táng zhōng yāng
得快极了，一会儿工夫，就游到了池塘中央。

　　jiù zài zhè shí　　yì zhī dà qīng tíng de wěi ba yǐ jīng　　diào　dào shuǐ lǐ
　　就在这时，一只大蜻蜓的尾巴已经"掉"到水里

le　qīng qīng gǎn máng yóu guò qù yòng jǐ bèi yì
了。青青赶忙游过去用脊背一

dǐng　zhè cái ràng dà qīng tíng fēi lí le shuǐ miàn
顶，这才让大蜻蜓飞离了水面。

　　shuí zhī　　　luò shuǐ　de qīng tíng yuè
　　谁知，"落水"的蜻蜓越

・39・

来越多，它们一只接着一只，尾巴都"掉"到了水里。

"喂，你们干吗老在池塘上飞呀？这样多危险！"

青青再也忍不住了，大声劝说道。"危险？"一只大

蜻蜓像直升机似的悬在青青的头顶上，"什么危险？"

"瞧，你们尽往水里掉，不怕被淹死吗？"青青

关心地说。

"嘿嘿，"大蜻蜓笑了，"好

心的小青蛙，你看错了，我们没

有往水里掉，而是在生娃娃呢！"

"生娃娃？"青青鼓着两

只大眼睛问，"为什么要把娃娃生在水里呀？"

"因为我们的娃娃可以消灭水中的蚊子幼虫呀！"大蜻蜓笑眯眯地说。

青青忽然想起来了，蚊子也是在水里生娃娃的。蜻蜓专门捕食蚊虫，就让自己的孩子从小学会捉蚊子的本领，真棒！

青青这才知道自己做了一件傻事。它不好意思地游到水里，把背上的几粒蜻蜓卵送还到水中。

青青游到岸边，叫得更欢了。它在为大蜻蜓生娃娃高兴呢！

知识拓展

蜻蜓喜欢在池塘边或河边飞行。它们的幼虫在水中发育，长成成虫后在飞行中捕食飞虫。它们可以捕食苍蝇、蚊子等害虫，为人类做出了不少贡献。

愤怒树

文 / 陈立凤

青冈树正感到孤独的时候，天边飞来了一群金翅鸟。鸟儿们绕着大树盘旋两圈之后，都落了下来。

鸟儿们叽叽喳喳地说着笑着，把树下花朵的目光都吸引了过来，花朵们一起歪着小脑袋往树上看。青冈树虽然不说话，心里却美美的。

一只金翅鸟见树下的花朵们整齐地歪着脖子，样子很有趣，就飞下去问："你们是什么花？"

"我……我们是风雨花。"回答的花朵似乎有些羞涩，刚说完就将花瓣紧紧团在了一起。

"那你们怎么不开放呢？"金翅鸟这一问，树下的花朵们竟然都把身体团得紧紧的，脑袋还耷拉下去。

金翅鸟噘着嘴说："干吗这个样子嘛，我又没惹你们。"

突然，空中负责警戒的金翅鸟大喊："不好，有情况，大树发怒了。"鸟儿们都警惕地扑棱翅膀飞起来。

成群的金翅鸟像长长的彩带，远远地绕着青冈树转圈。看着青冈树的树叶慢慢由绿变红了，一只小金翅鸟问："这树是不是讨厌咱们啊？"

"应该不是吧，咱们没有伤害它啊。"一只老金翅鸟一脸疑惑地回答。

"反正这树的脾气不怎么好。"有只金翅鸟说。

"嗯，这树爱发怒，咱们离它远点儿。"一只金翅鸟说完，率先向远方飞去。其他鸟儿也尾随其后，飞离了青冈树。

青冈树又回到了以前的那种孤独时光。它的心里虽然对金翅鸟误解自己有些生气，但没到愤怒的程度。

当鸟群从天边消失时，乌云从天边滚过来。青冈树的叶子已经完全变成了红色，像一团熊熊燃烧的火焰。

"喂，你们刚才听到鸟儿们的议论了吗？""嘘，小点儿声，这树的脾气不怎么好，爱发怒。"树底下的花朵们悄声议论着。

"你们这些花啊，怎么还'乌云亦云'呢？我哪里爱发怒了？"青冈树实在憋不住了，张开大嘴巴为自己辩解。

树一开口，吓得树底下的花朵们一个个低下头，闭紧嘴巴，大气也不敢出。

天黑沉沉的，树与花谁都没说话。到了晚上，天空越发沉闷，后半夜的时候，竟然"哗哗哗"地下起雨来。

第二天早上，雨停了，太阳出来了。大地上的万物因为有了雨水的滋润，都变得生机勃勃。

"伙伴们快看呀，发怒树不发怒了。"树底下的一朵花边绽放边大声喊。

"发怒树一发怒，天空就会下雨。"树根

páng de yì duǒ xiǎo huā jīng shen huàn fā de shuō
旁的一朵小花精神焕发地说。

"太阳出来好天气，管谁发怒不发怒呢。"树底
tài yáng chū lái hǎo tiān qì guǎn shuí fā nù bù fā nù ne shù dǐ

xia de dì èr duǒ huā gēn zhe nù fàng kāi lái dì sān duǒ dì sì duǒ qīng
下的第二朵花跟着怒放开来。第三朵、第四朵……青

gāng shù xià de huā duǒ men quán dōu kāi fàng le yí shùn jiān huā xiāng sì yì xī
冈树下的花朵们全都开放了。一瞬间，花香四溢，吸

yǐn lái hǎo duō xiǎo fēi chóng
引来好多小飞虫。

"呼啦啦……"昨天那群金翅鸟被小飞虫吸引，
hū lā lā zuó tiān nà qún jīn chì niǎo bèi xiǎo fēi chóng xī yǐn

yě lái dào le qīng gāng shù fù jìn dàn tā men zhè cì kě zhǎng le jì xing shuí dōu
也来到了青冈树附近。但它们这次可长了记性，谁都

méi gǎn wǎng shù shàng luò dōu pà zài cì rě nù zhè kē huì fā nù de shù
没敢往树上落，都怕再次惹怒这棵会发怒的树。

qīng gāng shù de yè zi biàn hóng zhēn de shì yīn wèi tā fā nù le ma
青冈树的叶子变红，真的是因为它发怒了吗？

知识拓展

　　青冈树有个别名叫气象树，因为当它所在的地区下大雨前，它的树叶会逐渐变成红色；大雨过后，它的树叶又会变回深绿色。此外，风雨花也可以预报天气，花儿开得好时是大晴天，反之则是坏天气。

铁树上钉铁钉

文/陈梦敏

huáng hūn shí fēn pū pū xióng hé mǐ mǐ tù yì qǐ qù gōng yuán sàn bù yǎn
黄昏时分，噗噗熊和米米兔一起去公园散步。眼

jiān de mǐ mǐ tù fā xiàn le yí jiàn ràng rén shēng qì de shì qing pū pū xióng
尖的米米兔发现了一件让人生气的事情："噗噗熊，

nǐ kàn tiě shù shàng yǒu tiě dīng dào dǐ shì shuí zài gǎo pò huài
你看，铁树上有铁钉！到底是谁在搞破坏？"

liǎng gè xiǎo jiā huo jiē zhe yòu fā xiàn bù guāng shì zhè kē tiě shù shàng yǒu tiě
两个小家伙接着又发现，不光是这棵铁树上有铁

dīng zhōu wéi de shí jǐ kē tiě shù shàng dōu yǒu tiě dīng ne
钉，周围的十几棵铁树上都有铁钉呢！

pū pū xióng qì de liǎn dōu bái le zhēn shi zhēn shi tài bú xiàng huà le
噗噗熊气得脸都白了！"真是……真是太不像话了！"

前几天，噗噗熊和几个朋友一起组成了一支环保小分队。最近，它们天天在公园里为保护环境做宣传，其中有一条就是让大家都来爱护树木。可是，谁会想到，竟然在眼皮底下发生了这种事！

"我一定要把在树上钉铁钉的坏蛋给揪出来！"噗噗熊说着，就找来毛毛猴、拉拉鼠和扑扑象，大家一起商量着要成立一支侦探小分队。

"噗噗熊，你看，这边的树上都有铁钉，可那边的树上都没有呢。要不，我们在那边轮流放哨？也许那坏蛋还会对那边的铁树下手。"毛毛猴说，"今晚我来看着！"

第二天清晨，噗噗熊还在睡梦中呢，毛毛猴就来"嘭嘭嘭"地敲门了！"噗噗熊，我发现破坏铁树的凶手了！"毛毛猴说，"可是，我怎么也没想到，凶

shǒu jū rán shì huā jiàng yé ye
手居然是花匠爷爷！"

ǎ   pū pū xióng yě dà chī yì jīng   huā jiàng yé ye wèi shén me huì
"啊？"噗噗熊也大吃一惊，花匠爷爷为什么会

zuò chū zhè zhǒng shì qing lái ne   tā shì bú shì bú yuàn yì zài gōngyuán lǐ gàn huór le
做出这种事情来呢？它是不是不愿意在公园里干活儿了？

zǒu   wǒ men qù wèn wen   dà jiā yí liù yān de pǎo dào gōngyuán lǐ
"走，我们去问问！"大家一溜烟地跑到公园里，

kàn jiàn huā jiàng yé ye hái zài nà lǐ   pīng pīng pāng pāng   de qiāo tiě dīng ne
看见花匠爷爷还在那里"乒乒乓乓"地敲铁钉呢！

zhù shǒu   pū pū xióng dà hè yì shēng   huā jiàng yé ye   nín kě
"住手！"噗噗熊大喝一声，"花匠爷爷，您可

bù néng pò huài shù mù
不能破坏树木！"

hā hā
"哈哈！"

huā jiàng yé ye yí kàn shì
花匠爷爷一看是

pū pū xióng tā men   rěn
噗噗熊它们，忍

bú zhù dà xiào qǐ lái
不住大笑起来，

· 49 ·

wǒ nǎ lǐ shì zài gǎo pò huài ya   wǒ zài gěi tiě shù tiān fàn ne
"我哪里是在搞破坏呀，我在给铁树添饭呢！"

gěi tiě shù tiān fàn   dà jiā dōu hú tu le
"给铁树添饭？"大家都糊涂了。

méi cuò   zhí wù hū xī   shū sòng yǎng qì děng dōu xū yào tiě   tiě shì
"没错。植物呼吸、输送氧气等都需要铁，铁是

zhí wù tǐ nèi bù kě quē shǎo de wù zhì   tiě shù duì tiě de xū qiú liàng fēi cháng
植物体内不可缺少的物质。铁树对铁的需求量非常

dà   kě tā men bù néng cóng tǔ lǐ shè qǔ zú gòu de tiě   suǒ yǐ   wǒ yào zài
大，可它们不能从土里摄取足够的铁，所以，我要在

tiě shù shàng dìng tiě dīng   ràng tā chī de bǎo bǎo de   zhǎng de zhuàng zhuàng de
铁树上钉铁钉，让它吃得饱饱的，长得壮壮的。"

yuán lái shì zhè yàng a   nà   nà nín xiān xiē xie   ràng wǒ men yě
"原来是这样啊！那……那您先歇歇，让我们也

lái dāng yì huí   pò huài wáng   ba   pū pū xióng shuō zhe   qiǎng guò huā jiàng yé
来当一回'破坏王'吧！"噗噗熊说着，抢过花匠爷

ye shǒu zhōng de tiě chuí   yě   pīng pīng pāng pāng   de qiāo le qǐ lái
爷手中的铁锤，也"乒乒乓乓"地敲了起来。

知识拓展

　　铁树的本名叫苏铁，是一种喜爱湿热环境的植物，多生长在
福建、云南以及两广等地。铁树的生长速度十分缓慢，约有200
年的寿命，树龄达到10年以上的还会开花结果。

有秘密的树

文 / 苏梅

在兜兜山的山腰里有一棵树，这是一棵不常见的树，它本来是会说话的。

有一回，怪巫婆路过这棵树的时候，不知想到了什么开心事，竟然唱起歌来。

可是，怪巫婆的歌声实在是太难听了，比拉锯子、弹棉花的声音还难听。

"哈哈哈……"树忍不住笑了。这下可闯祸了！

"你一棵小小的树，竟然敢笑话我的歌声，我要惩罚你！"树的笑声惹恼了怪巫婆。

“对不起！对不起！”树一个劲儿地道歉，可是没有用。

怪巫婆恶狠狠地念起了咒语，对树施了魔法，让它不能说话，当然更不能笑了。

树既伤心又孤独，它不知道怎样才能解除魔法。

从此，树开始了孤独漫长的等待，一天又一天，一年又一年……

有一天，闪电熊和啊呜龙出门去玩，它们走到了这棵树下。闪电熊正在讲笑话，啊呜龙笑得手舞足蹈，手在无意中摸到了这棵树。

"咦？这棵树好像在抖动！"啊呜龙感到很奇怪。

"树会自己抖动？"闪电熊不相信，"树是不是被风吹了才抖动的呢？"

"可现在没有刮风呀。"啊呜龙说话的时候，树已经停止抖动了。

闪电熊摸了几下树干。这回，它们两个都清清楚楚地看到，树真的抖动起来了。

"怎么回事？难道树也怕痒吗？这是棵什么树呀？"闪电熊问。

"这棵树不会是妖怪变的吧？"啊呜龙害怕极了，它马上往后退了两步，离开了那棵树。

闪电熊的脑袋转得飞快，说："我想起来了，以

前我在一本书上看到过介绍，有一种树和人一样怕痒，叫痒痒树，这棵树说不定就是。"

"真的吗？还有这样的树？我来试试看。"啊呜龙不害怕了，伸手去摸这棵树。果然，树又抖动了起来。

"痒痒树，真的是痒痒树，太好玩了！"啊呜龙喊着，一个劲儿地去挠树的痒痒。树也一个劲儿地抖动着……

"好了，好了，啊呜龙，你停一停，树会累的。"闪电熊说。

可是啊呜龙玩得正起劲儿，才不肯住手呢。于是，闪电熊就去挠啊呜龙的痒痒。

"痒，痒，太痒啦……"啊呜龙笑着，顾不上去挠痒痒树了。

"谢谢你们帮我解除了怪巫婆的魔法，我又能说话了。"

痒痒树的话让它们吃了一惊。"哦，你还会说话？"闪电熊说，"这个，书上可没有记载。"

"没有记载就对了，其实痒痒树本来都是不会说话的，我是个例外。"痒痒树把自己的遭遇告诉了啊呜龙和闪电熊，它还说，"现在我明白了，解除魔法的方法就是我的名字被喊出来。"

"天哪，我们太厉害了，居然解除了怪巫婆的魔法。"闪电熊和啊呜龙都高兴极了，因为它们无意中做了一件大好事。

后来，闪电熊、啊呜龙和痒痒树成了朋友。闪电熊和啊呜龙常常在痒痒树下玩，还把它们的好朋友跳跳猴、当当猫、香香兔等也带来了。这样，更多的小伙伴认识痒痒树了，痒痒树再也不会感到伤心和孤独了。

知识拓展

　　痒痒树的学名叫作紫薇，又名"百日红""满堂红"。如果你试着去挠挠它的枝干，就会看见树开始摆动。开花时节挠它，树摆动得最厉害。此外，痒痒树还具有净化空气的作用。

砍不倒的树

文 / 杨胡平

豆豆兔和花小猪一大早就上山去挖野菜了。它们中午回到家里时，被眼前的景象吓了一大跳。原来，它们院子前的几棵又高又直的大松树和白杨树，不知被谁砍倒在地。

"到底是谁砍了我们的树呢？"豆豆兔伤心极了。

"谁这么缺德呀？"花小猪生气地说。

"是我砍的。我不但要砍倒这几棵树，还要砍掉这里所有的大树。"灰灰狼扛着一把大斧头，从旁边的树丛里走了出来。

　　"灰灰狼，这些大树本来长得好好的，又没有挡你的路，你为什么砍掉它们呢？"豆豆兔质问道。

　　"因为我要砍掉它们去卖钱。"灰灰狼理直气壮地回答。

　　"可这些树是大家的，不是你自己的。"

　　"不论是谁的树，我都要砍了去卖钱。"灰灰狼耍起了无赖。

　　豆豆兔眉头一皱，想出了一个好办法："你真的要砍掉这里所有的大树吗？"

"当然了。反正你们拿我没办法。"灰灰狼得意地说。

"现在我就带你去砍一棵水桶般粗的大树。如果你能在三天之内砍倒这棵大树，森林里所有的树，你都可以砍，我们不管你。如果你在三天之内砍不倒这棵大树的话，从此以后，你不准再砍森林里的任何树了。你敢和我打赌吗？"豆豆兔问。

"哈哈，打赌就打赌。砍树对我来说太简单了。"灰灰狼晃了晃手中的大斧头，满不在乎地回答。

豆豆兔和花小猪带着灰灰狼来到了一棵大树前，灰灰狼拿起斧头就砍。可是，它砍了半天，就像砍在了铁块上一样，大树身上一点儿痕迹也没有。

"这究竟是怎么回事呢？我就不相信砍不倒这棵

树。"灰灰狼使出吃奶的劲儿砍起来。它砍呀砍，不停地砍，从中午砍到晚上，也没有砍倒这棵大树，只砍破了大树的皮。"不行，这把斧头钝了，明天我得换一把新的。"灰灰狼的双手磨出了血泡，疼得它直咧嘴。

第二天早上，灰灰狼从家里拿了一把新斧头继续砍树……

结果，灰灰狼在三天时间里，前后换了十六把锋利的新斧头，也没能砍倒这棵大树。它生气极了，大病了一场，发誓再也不砍树了。

"豆豆兔，你是不是用了什么魔法，才让灰灰狼砍不倒那棵大树的呀？"花小猪好奇地问。

"哈哈，其实我根本不会魔法。那棵树叫铁桦树，是地球上最硬的树，比普通的钢铁还要硬，灰灰狼当然砍不倒它了。"

听了豆豆兔的解释，花小猪决定要多栽一些铁桦树，专门用来对付像灰灰狼一样喜欢砍树的坏蛋。

知识拓展

铁桦树是世界上最坚硬的树，它的坚硬程度甚至赛过普通的钢铁。铁桦树十分耐旱和耐寒，即使是处在恶劣的环境中也能茁壮生长。然而，因为人们把它作为金属的替代品，铁桦树已濒临灭绝。保护铁桦树是我们义不容辞的责任。

花 钟

文 / 陈梦敏

"我们该回家了，差不多五点了。"小红马对小公鸡和小青蛙说。

"你怎么知道五点了？你又没有戴手表……"小公鸡感到很好奇。

"对呀，你怎么知道的？"小青蛙也觉得奇怪。

"你们瞧……"

顺着小红马指的方向，小公鸡和小青蛙看到，油绿的枝叶中，一朵朵紫茉莉开得正好。

"紫茉莉跟时间有什么关系？"小公鸡和小青蛙

yì qí wèn
一齐问。

　　xiǎo hóng mǎ shuō　　　　nǐ men zhù yì dào le ma　　zǐ mò lì shì zài bàng wǎn
　　小红马说："你们注意到了吗？紫茉莉是在傍晚
kāi huā　　dào le zǎo shang　　huā er men dōu huì shuì jiào　　zǐ mò lì kāi huā de shí
开花。到了早上，花儿们都会睡觉。紫茉莉开花的时
jiān yì bān shì xià wǔ wǔ diǎn zuǒ yòu　　suǒ yǐ　　kàn dào tā men kāi fàng le　　jiù
间一般是下午五点左右，所以，看到它们开放了，就
néng pàn duàn chū shí jiān
能判断出时间。"

　　　　ō　　wǒ míng bai le　　xiǎo hóng mǎ yǒu yí gè huā zhōng ne　　　　xiǎo qīng
　　"噢，我明白了，小红马有一个花钟呢！"小青
wā huǎng rán dà wù de shuō
蛙恍然大悟地说。

　　　　duì la　　jiù shì huā zhōng　　xiǎo hóng mǎ diǎn tóu shuō　　　　wǒ chá guo
　　"对啦，就是花钟！"小红马点头说，"我查过

资料，不同的花开放的时间是不同的。比如，牵牛花是早上四点开；蔷薇花是早上五点开；睡莲是上午八点到十点开；夜来香呢，是晚上八点开。"

"这么神奇呀，那我们来验证一下，看看资料上说得对不对！"小公鸡兴致勃勃地说。

"好，一起验证一下！"小青蛙也附和道。

于是，三个小伙伴约好了，准备第二天一大早就起来，一起看看花开的时间。

早上四点，牵牛花会开哟！

小红马和小公鸡三点一过就起床了，它们一起去叫小青蛙："丁零零，牵牛花花钟响了！小青蛙快起床！"

小青蛙在屋子里迷迷糊糊地回答："别吵，别吵，我还困着呢。我等会儿看睡莲在八点会不会开吧！"

"这小青蛙，是只懒青蛙！"小公鸡撇撇嘴说。

小公鸡跟小红马一起，到小花园里等候着。果然，牵牛花在四点开了，真的好神奇呀！

"等会儿我们再去叫小青蛙，让它来看看睡莲！"小公鸡兴奋地说。

快到八点了，小红马和小公鸡又来到小青蛙家：

"丁零零，睡莲花钟响了！小青蛙快起床！"

"别吵，别吵，星期天谁会起得这么早，让我再睡一会儿！"

"我看哪，小

青蛙只能看午时的花钟了！"小红马苦笑道。

小青蛙睡呀睡，真的睡到了中午才醒。

"现在我还能看到什么花钟啊？"小青蛙突然想起了花钟的事。它连忙起床，拉开窗帘，"呼啦"，刺目的阳光照进来。"啊，眼花！"小青蛙喊道。

小公鸡正好从窗外经过，它听到小青蛙的声音，忍不住笑起来："哈哈，你这只懒青蛙，也只能看到'眼花'的花钟了！"

知识拓展

不同的花儿开放的时间不同，聪明的小红马以此判断时间，从而拥有了来自大自然的钟表——"花钟"。除了文中提到的花钟，你还知道其他花钟吗？

小树下"蛋"

文／张冲

　　小母鸡和邻居家的小公鸡是好朋友，它们经常在一起捉虫子，玩过家家的游戏。

　　有一天，小母鸡要出远门。临行的时候，它去向小公鸡道别。

　　走着走着，小母鸡看见地上有粒小种子，就捡了起来。小母鸡想："把这个东西送给小公鸡做个纪念吧，让我们之间的友谊，像这颗种子一样生根、发芽、开花、结果……"

　　小母鸡把礼物送给了小公鸡。小公鸡一点儿思想

zhǔn bèi yě méi yǒu　　tā sì chù qiáo qiao　　méi yǒu zhǎo dào kě yǐ sòng gěi xiǎo mǔ jī
准 备 也 没 有 。它 四 处 瞧 瞧 ，没 有 找 到 可 以 送 给 小 母 鸡

de dōng xi　　gān cuì zhuō tiáo chóng zi gěi xiǎo mǔ jī sòng xíng ba　　xiǎo gōng jī zài dì
的 东 西 。干 脆 捉 条 虫 子 给 小 母 鸡 送 行 吧 ！小 公 鸡 在 地

shàng pīn mìng páo ya　　　bā ya　　zhōng yú zhuō zhù le yì zhī dà lóu gū　　tā pà lóu
上 拼 命 刨 呀 ，扒 呀 ，终 于 捉 住 了 一 只 大 蝼 蛄 。它 怕 蝼

gū nà liǎng zhī jù chǐ shì de dà shǒu zhā shāng xiǎo mǔ jī de zuǐ　　jiù yǎo zhe lóu gū
蛄 那 两 只 锯 齿 似 的 大 手 扎 伤 小 母 鸡 的 嘴 ，就 咬 着 蝼 蛄

zài dì shàng shuǎi ya shuǎi　　bǎ lóu gū de dà shǒu shuǎi duàn le　　cái sòng gěi xiǎo mǔ jī chī
在 地 上 甩 呀 甩 ，把 蝼 蛄 的 大 手 甩 断 了 ，才 送 给 小 母 鸡 吃 。

xiǎo mǔ jī zǒu le　　xiǎo gōng jī bǎ zhǒng zi zhòng dào dì lǐ　　tiān tiān shǒu zhe
小 母 鸡 走 了 。小 公 鸡 把 种 子 种 到 地 里 ，天 天 守 着

xiǎo zhǒng zi　　jiù xiàng shǒu zhe xiǎo mǔ jī yí yàng
小 种 子 ，就 像 守 着 小 母 鸡 一 样 。

zhǒng zi fā yá le　　zhǎng chéng le yì kē xiǎo shù　　xiǎo shù kāi huā le　　jiē
种 子 发 芽 了 ，长 成 了 一 棵 小 树 。小 树 开 花 了 ，结

出许多鲜果。小公鸡一看，好奇怪呀，小树结的果子有白的，有黄的，圆圆的，像一个个鸡蛋。小树"下蛋"了！

就在这时，小母鸡回来了。小公鸡赶忙把树上的"鸡蛋"摘下来，装了满满一篮子去送给小母鸡。

小母鸡一看，"咯咯咯"地笑起来："怎么，你下蛋啦？"

小公鸡羞红着脸说："不不，是种子下的蛋。不不不，是种子长出的树下的蛋。"

gē gē gē　　　　xiǎo mǔ jī xiào de gèng lì hai le　　tā bān chū zì jǐ
"咯咯咯！"小母鸡笑得更厉害了。它搬出自己

gāng cóng wài miàn dài huí lái de dàn shù　　xiào zhe shuō　　　nán dào wǒ sòng gěi nǐ de
刚从外面带回来的蛋树，笑着说："难道我送给你的

zhǒng zi jiù shì zhè zhǒng shù de zhǒng zi
种子就是这种树的种子？"

duì duì duì　　　xiǎo gōng jī kàn jiàn xiǎo shù shàng mǎn zhī de zǐ sè wǔ jiǎo
"对对对！"小公鸡看见小树上满枝的紫色五角

huā xiào le　　　hé wǒ jiā de yì mú yí yàng
花，笑了，"和我家的一模一样！"

gē gē gē　　　　xiǎo gōng jī hé xiǎo mǔ jī wéi zhe dàn shù　　lè kāi
"咯咯咯……"小公鸡和小母鸡围着蛋树，乐开

le huā
了花。

知识拓展

　　蛋树又名金银茄。一株金银茄上生长着黄白两色的果实，似金似银，因此有了"金银茄"的美称。金银茄不但具有食用价值，还具有观赏价值。

哨　子

文 / 徐光梅

小猪的哨子不知什么时候弄丢了，它在路上找了半天也没找着，急得哭了起来。

小花狗关心地问："你怎么哭了？"

"我的哨子丢了，呜……"

"你的哨子是什么颜色的？"

"是绿色的。"小猪边擦眼泪边说。

"你别哭，我去帮你找。"小花狗说着往树林里走去。

小麻鸭一摇一摆地走了过来："怎么了，小猪？

shuí qī fu nǐ le
谁欺负你了？"

wǒ de shào zi diū le　　　　xiǎo zhū chōu yē zhe shuō
"我的哨子丢了。"小猪抽噎着说。

shén me yàng de shào zi
"什么样的哨子？"

lù lù de　　　yǒu gè dòng dong　　néng chuī chū hǎo tīng de shēng yīn
"绿绿的，有个洞洞，能吹出好听的声音。"

nǐ bié jí　　wǒ gěi nǐ zhǎo qù　　　xiǎo má yā shuō zhe cháo chí táng zǒu qù
"你别急，我给你找去。"小麻鸭说着朝池塘走去。

bù yí huìr　　　xiǎo huā gǒu zhāi le yí dà bǎ shù yè huí lái　　xiǎo má yā
不一会儿，小花狗摘了一大把树叶回来，小麻鸭

ná zhe jǐ jié duǎn duǎn de lú wěi gǎn zǒu lái le　　tā men wèn xiǎo zhū　　shì zhè
拿着几截短短的芦苇秆走来了，它们问小猪："是这

ge ma
个吗？"

xiǎo zhū yáo yao tóu　　yòu kū le qǐ lái　　biān kū biān shuō　　　　wǒ de shào
小猪摇摇头，又哭了起来，边哭边说："我的哨

·72·

zi néng chuī chū hǎo tīng de shēng yīn
子能吹出好听的声音。”

　　shì ya　　tā néng chuī chū hǎo tīng de shēng yīn ya　　xiǎo huā gǒu hé xiǎo
　　“是呀，它能吹出好听的声音呀！”小花狗和小

má yā yì kǒu tóng shēng de shuō
麻鸭异口同声地说。

　　bú xìn　　nǐ tīng　　xiǎo má yā chuī qǐ le lú wěi gǎn　　zhè duō
　　“不信，你听。”小麻鸭吹起了芦苇秆。“这多

xiàng wǒ fàng pì de shēng yīn ya　　pū　　　　pū　　　　xiǎo huā gǒu shuō　　xiǎo zhū
像我放屁的声音呀！噗——噗——”小花狗说。小猪

　　pū chī　　yì shēng xiào le
　　“扑哧”一声笑了。

　　　　zài tīng ting wǒ de
　　　　“再听听我的。”

xiǎo huā gǒu chuī qǐ le shù yè
小花狗吹起了树叶。

　　zhè duō xiàng wǒ zài kū ya
　　“这多像我在哭呀！

wū　　　　　　wū　　　　　　xiǎo má
呜……呜……”小麻

yā yòng tā de cū sǎng mén jiào zhe
鸭用它的粗嗓门叫着。

　　hā hā　　　　　　xiǎo zhū dà
　　“哈哈……”小猪大

xiào qǐ lái
笑起来。

nǐ yě lái shì shi ba
"你也来试试吧！"

xiǎo zhū jiē guò xiǎo má yā de lú wěi gǎn hé xiǎo huā gǒu de shù yè chuī le
小猪接过小麻鸭的芦苇秆和小花狗的树叶，吹了

qǐ lái
起来。

zhè shēng yīn hǎo tīng xiàng xiǎo zhū zài chàng gē
"这声音好听，像小猪在唱歌。"

zhè xiàng xiǎo zhū hǎn mā ma de shēng yīn
"这像小猪喊妈妈的声音。"

············

xiǎo huā gǒu hé xiǎo má yā zài yì páng bù shí de shuō zhe
小花狗和小麻鸭在一旁不时地说着。

zhè tiān xià wǔ xiǎo zhū guò de kāi xīn jí le suī rán tā de shào zi méi
这天下午，小猪过得开心极了。虽然它的哨子没

zhǎo dào dàn shì tā hòu lái yì diǎnr yě bù nán guò yīn wèi dà zì rán lǐ
找到，但是它后来一点儿也不难过。因为，大自然里

yǒu xǔ xǔ duō duō de shào zi tā zài yě bú yòng huā mā ma de qián mǎi shào zi le
有许许多多的哨子，它再也不用花妈妈的钱买哨子了。

知识拓展

　　小麻鸭吹芦苇秆和小花狗吹树叶之所以能发出声音，是由于它们吐出的气流冲击芦苇秆和叶片，使芦苇秆和叶片产生了高频率的振动，进而产生了声音。这便是振动发声的原理。

长小草的乌龟

文 / 张冲

在非洲南部的沙漠中，住着一只小乌龟。

旱季到了，太阳像火炉似的烤着大地，水沟干了，小草枯了。水沟里的小乌龟再也待不住了，它慢慢地爬上沙丘，想寻找新的栖身地。

小乌龟爬呀爬，看见前面趴着一只绿乌龟。它连忙跑上去说："喂，朋友，我们一块儿走吧！"绿乌龟趴在地上，一动也不动地说："你走吧，我住在这儿很好啊！"

"真是只怪乌龟！"小乌龟摇摇头爬走了。

天渐渐黑了，小乌龟又累又渴。它看见一块绿石头，就爬上去，伸长了脖子张望，想寻找水源。

"小乌龟，你干吗坐在我的身上！"一个低沉的声音从脚下传来。小乌龟仔细一看，自己正坐在一只大绿龟的身上。

小乌龟感到很不好意思："对不起，大爷，我快要渴死了，请带我去一个有水喝的地方吧！"

大绿龟说："现在是旱季，哪儿有水啊！你藏到地下去吧！等雨季来了，就有水喝了。"

小乌龟听了，就在大绿龟身边扒了个洞，把身子藏进洞里。不一会儿，它就呼呼地睡着了。

"轰隆——"一阵雷声把小乌龟从睡梦中惊醒，沙漠上的雨季来临了。

小乌龟从沙坑里钻出来。它看见大绿龟的背上背着一棵小草，惊喜极了。小乌龟爬到大绿龟的背上，

咬住了小草。

"哎哟，你吃我干什么呀！"大绿龟叫起来。

原来，这小草是从大绿龟背上长出来的。"你不是大绿龟，你是只大草龟呀！"小乌龟俏皮地说。

"我不是乌龟，我叫龟甲草！"大绿龟笑着说，"旱季，我像龟甲似的趴在地上；雨季到了，我才长出枝叶，开花结果呢。"

小乌龟朝四下望了望，嗬，周围许多"绿龟"的背上都长着小草呢！

知识拓展

　　龟甲草主要生活在非洲南部的沙漠里，它的外形酷似一个乌龟壳。龟甲草十分耐干旱，在无雨的季节，它的枝叶会枯萎，只留下龟壳似的茎部以保存水分。等雨季来临时，它又会恢复生机。

开鲜花的石头

文 / 张冲

在我国西北部，有一片茫茫的大沙漠。那儿没有河流，没有草地，稍一起风就飞沙走石，天昏地暗。

有一天，一头小骆驼离开了妈妈，不小心迷了路，跑进了这片大沙漠里。这下，小骆驼可苦啦！它走了三天三夜，没喝到一滴水，也没吃上一棵草，累得浑身没有一点儿力气。

"扑通——"小骆驼一不小心，被一块小石头绊倒，昏了过去。

不知过了多久，小骆驼迷迷糊糊地睁开眼睛，看

见一轮银盘似的月亮正对着它笑呢！小骆驼口干舌燥，心中像有一团火，热辣辣的。

"唉，都怪自己离开了妈妈！现在要是有一棵草，或者有一滴水，那该多好呀！不然，我可就走不出这片大沙漠啦！"小骆驼心里想着，抬眼看看四周。

忽然，小骆驼看见面前的一块小石头上，开着一朵鲜花。小骆驼还以为自己在做梦呢！它赶忙把鼻子靠到鲜花上。嗬，好香呀！这是一朵真正的花。小骆驼的心里一阵喜悦，它伸出舌头，把花卷到了嘴里。

奇怪，这小石头怎么会开花？小骆驼像想起了什么一样。它吃力地站起来，抬起脚掌向小石头踩去。

"叭——"小石头被踩成两半。小骆驼咬住小石头，一股清凉的甜水，慢慢流进它的嘴里。

"这小石头里藏着水！啊，我有救了！"小骆驼高兴极了。这时，它看见到处都是开着鲜花的小石头。

这一夜，小骆驼靠着这些石头，吃饱喝足，终于有了劲儿。后来，小骆驼在沙漠里又跑了三天三夜，终于回到了妈妈的身边。

小骆驼把遇见救命石头的事告诉妈妈，妈妈笑着说："傻孩子，那不是石头，那是一种有生命的、像石头的植物，它的名字叫'生石花'。"

"生石花？"小骆驼喃喃地说着这三个字，心想："在那飞沙走石的环境里，这些'生石花'们要吃多少苦，才能生存下来呀！"

知识拓展

生石花原产自非洲，它看起来就像一块块美丽的小石头。除了能够贮存水分，生石花还具有多样的形态和艳丽的花色，是一种很受欢迎的观赏性植物。

自动"灭火器"

文／杨胡平

苹果鼠、悠悠兔和枣红马组成的探险队，这天来到了非洲的一片丛林里。

大家在丛林里转了半天，感到肚子饿了，便决定就地做饭吃。

苹果鼠架起了铁锅，并从河里打来了水。悠悠兔和枣红马捡来了一些枯树枝，准备生火做饭。

当苹果鼠拿出打火机点火时，意想不到的事情发生了。打火机的火光闪现时，突然，从它们头顶的树上喷下了许多水，将打火机的火浇灭了。苹果鼠的全身被弄得湿漉漉的，样子非常狼狈。

"是谁在树上向我喷水呀？"苹果鼠朝树上大声喊道。

树上静悄悄的，一点儿动静也没有。

"也许是几只调皮的猴子，躲在树上往下喷水呢！"悠悠兔判断。

"那我们拿出零食，放在树下，它们一定会跳下树来拿零食，然后我们再和它们交朋友，它们就不会躲在树上向我们喷水了。"枣红马建议道，另外两个伙伴表示赞同。

苹果鼠、悠悠兔和枣红马纷纷从包里拿出了香喷喷的火腿肠和面包，放在树下。等了一会儿，却不见有猴子从树上跳下来。

"也许树上的猴子早离开了，我们继续生火做饭

吧！"悠悠兔的肚子饿得"咕咕"直响。

苹果鼠再次用打火机点火。和上次一样，火光一闪，树上又有许多水喷了下来，将苹果鼠淋成了落汤鸡。

"我们一定要抓住喷水的坏蛋。"苹果鼠生气地大喊。

这时，正好有一只小猴子跑了过来，它捡起树下的火腿肠就吃。

"小猴子，你终于出现了！刚才是不是你在树上向我喷水？"苹果鼠冲过去，怒气冲冲地问。

"什么时候？"

jiù zài gāng cái wǒ yòng dǎ huǒ jī
“就在刚才我用打火机

diǎn huǒ shí
点火时。”

hā hā   nǐ men shì dì yī cì
“哈哈，你们是第一次

lái zhè lǐ ba   xiǎo hóu zi wèn
来这里吧？”小猴子问。

shì dì yī cì   zhè hé nǐ cháo
“是第一次，这和你朝

wǒ pēn shuǐ yǒu shén me guān xì ne   píng
我喷水有什么关系呢？”苹

guǒ shǔ wèn
果鼠问。

qí shí shì shù zài cháo nǐ
“其实是树在朝你

pēn shuǐ
喷水。”

shù zài cháo wǒ pēn shuǐ
“树在朝我喷水？

zhè bù kě néng ba   píng guǒ shǔ
这不可能吧！”苹果鼠

bù xiāng xìn
不相信。

zhè zhǒng shù duì huǒ guāng hěn mǐn gǎn　　shì wǒ men zhè lǐ yǒu míng de zì dòng
"这种树对火光很敏感，是我们这里有名的自动

miè huǒ qì　　　tā yí jiàn dào huǒ guāng　　jiù huì zì dòng pēn shuǐ　　bìng jiāng huǒ
'灭火器'。它一见到火光，就会自动喷水，并将火

jiāo miè　　nǐ men kě yǐ qù bié de shù xià shēng huǒ zuò fàn　　　xiǎo hóu zi jiàn yì
浇灭。你们可以去别的树下生火做饭。"小猴子建议。

wǒ lái shì yí xià　　　yōu yōu tù zài zhè kē shù xià jì xù yòng dǎ huǒ
"我来试一下。"悠悠兔在这棵树下继续用打火

jī diǎn huǒ　　jié guǒ hé píng guǒ shǔ yí yàng　　tā yě bèi lín chéng le luò tāng jī
机点火，结果和苹果鼠一样，它也被淋成了落汤鸡。

zhè xià　　dà jiā xiāng xìn le xiǎo hóu zi de huà　　tā men huàn dào le lìng yì
这下，大家相信了小猴子的话。它们换到了另一

zhǒng shù xià shēng huǒ　　guǒ rán méi yǒu zài bèi pēn shuǐ
种树下生火，果然没有再被喷水。

知识拓展

在非洲的丛林里生长着一种名叫梓柯的常绿树。每当有火光
出现在它附近时，它的枝杈间藏着的圆圆的节苞就会喷洒出许
多液体，很快就可以把火灭掉。梓柯树可真是一种天然的"灭
火器"呢！

糟糕，真糟糕

文 / 陈梦敏

这是一个晴朗的日子，噗噗熊和它的朋友们要一起去探险。

森林里铺着厚厚的落叶，踩上去，沙啦沙啦；森林里开满了漂亮的野花，闻上去，喷香喷香；森林里还有活泼的小鸟，它们正站在枝头，叽叽喳喳……

森林里的一切是多么美好！噗噗熊和朋友们的心里像有阳光在闪耀。

不过，没一会儿，拉拉鼠就叫起来："糟糕，真糟糕，我忘记带驱蚊水了，会被蚊子咬得满身是包的！"

bù guāng shì lā lā shǔ wàng jì dài　　　suǒ yǒu de huǒ bàn dōu wàng jì dài le
不光是拉拉鼠忘记带，所有的伙伴都忘记带了。

yào huí jiā qù ná ma
要回家去拿吗？

wàng jì dài qū wén shuǐ yě méi shén me guān xì　　mǐ mǐ tù shuō　　　wǒ
"忘记带驱蚊水也没什么关系，"米米兔说，"我

gāng kàn jiàn lín zi lǐ zhǎng zhe qī lǐ xiāng　zhāi yì diǎnr dài zài shēn shang bǎo zhèng
刚看见林子里长着七里香，摘一点儿带在身上，保证

wén zi bù dīng yě bù yǎo
蚊子不叮也不咬。"

yú shì　　měi gè rén dōu dài shàng le yì diǎnr qī lǐ xiāng　　tā men shēn shang
于是，每个人都带上了一点儿七里香。它们身上

bù jǐn méi yǒu bèi wén zi dīng yǎo　　hái dōu biàn de xiāng pēn pēn de
不仅没有被蚊子叮咬，还都变得香喷喷的。

可是，没过多久，蓬蓬狮发生了一点儿意外：它在跃过山沟的时候，身上的背包带子居然断了。背包掉进了深不见底的山沟！唉，那里面可装着大家这一天的干粮呢。糟糕，真糟糕！

"也许事情并不像大家想的那么糟。"米米兔说，"我能分清哪些蘑菇是可以吃的。"

"对呀，我还认识好几种野菜呢！"拉拉鼠说。

"还有果子，我可以摘野果子！"毛毛猴说。

到了中午，大家享用了一顿真正的野餐——不光是在野外吃，而且所有东西都是野生的！

吃过野餐，大家继续往前走。走着走着，噗噗熊发现，指南针的指针突然滴溜溜地乱转起来！糟糕，真糟糕，指南针失灵了！

"天哪，那我们怎么走出森林？"花花鸡尖叫起来，"这里也是树，那里也是树，怎么看都一样，哪能辨清方向？"

"事情没你说的那么糟！"噗噗熊稳了稳神，"就算没有指南针，我们也可以辨别方向。"

"没错，我们可以看树冠。树叶多的一面朝南，树叶少的一面朝北。"毛毛猴说。

"我们还可以看石头。石头干燥的一面朝南，湿润的一面朝北。"蓬蓬狮说。

"也可以看树墩，通过观察年轮找方向。年轮稀疏的一面朝南，紧密的一面朝北。"拉拉鼠也说。

"最重要的是，指南针

失灵了，说明附近可能有大铁矿哟！"米米兔摆了摆长耳朵，"大家都知道，地球是一个天然的大磁场，有地磁北极与地磁南极。指南针的指针其实是一根可以自由转动的磁针，受地球磁场的吸引，才能指明方向。如果附近有铁矿，铁矿就会紧紧吸引着指针，使它不能指向真正的地磁北极和地磁南极。"

看起来，这并不是糟糕的一天，而是幸运的一天！

小家伙们打算，一回到家，就赶紧把这个好消息说给猩猩博士听！

知识拓展

大自然为我们提供了很多东西：能驱蚊的七里香，能吃的食物，辨别方向的方法，等等。你知道吗？除七里香外，艾草、香蒲、香茅、薰衣草等植物也是天然的"蚊香"呢。

要下雨了

文／陈梦敏

小红马、小公鸡和小青蛙三个好朋友正在公园里玩，灰兔奶奶走了过来。

"灰兔奶奶好！"

"你们几个小家伙，快回家吧，要下雨了。"

"灰兔奶奶，您怎么知道天要下雨了？"小青蛙问。

"哈哈，奶奶可以预报天气呢。"灰兔奶奶笑道，"我教给你们一些方法，让你们也能预报天气。"

"你们听到知了叫了吗？"灰兔奶奶问大家。

"知了一天到晚吵个不停，现在居然没声音了，这是怎么回事？"小公鸡说，"知了不叫，大雨要到？"

"小公鸡，你说对了！下大雨之前，知了就会闭上嘴巴。"灰兔奶奶满意地点点头。

"还有，你们看到蚂蚁搬家了吗？"灰兔奶奶接着问。

"没错，我刚刚还看到它们在忙忙碌碌地搬东西呢。"小青蛙说，"是不是蚂蚁搬家，就

是要下大雨了？”

“小青蛙也说对了！”灰兔奶奶表扬道。

小红马说：“灰兔奶奶，我发现瓦缸好像也有变化。种睡莲的瓦缸外面有水珠，这是不是预示着天要下雨了？”

“对对对，小红马的观察能力很强呀！”灰兔奶奶竖起了大拇指，“有一句谚语叫作‘水缸出汗蛤蟆叫，大雨不久要来到’。”

“孩子们，奶奶还得赶回家收衣服，你们也赶紧回家吧！”灰兔奶奶说完，急急忙忙走开了。

“对对，我们快回家吧！”小红马说，“回家关好门窗。”

“我今天晒了些花生在外面，也得赶紧回家收。”小青蛙说。

zhǐ yǒu xiǎo gōng jī hái zài mó mó cèng cèng de zǒu
只有小公鸡还在磨磨蹭蹭地走。

hái yǒu shén me xiàn xiàng kě yǐ yù bào tiān qì ne xiǎo gōng jī zài xīn
"还有什么现象可以预报天气呢？"小公鸡在心

lǐ dí gu zhe
里嘀咕着。

jīn tiān de yàn zi hǎo xiàng fēi de tè bié dī xiǎo gōng jī tái qǐ tóu
"今天的燕子好像飞得特别低。"小公鸡抬起头，

wèn xiǎo yàn zi xiǎo yàn zi nǐ fēi de zhè me dī shì bú shì yīn wèi yào
问小燕子，"小燕子，你飞得这么低，是不是因为要

xià yǔ le
下雨了？"

méi cuò yàn zi dī fēi jiù huì xià yǔ xiǎo yàn zi cóng xiǎo gōng jī
"没错，燕子低飞就会下雨。"小燕子从小公鸡

shēn biān fēi guò
身边飞过。

jīn tiān de yú er hǎo xiàng
"今天的鱼儿好像

tiào de tè bié huān xiǎo gōng jī
跳得特别欢。"小公鸡

dà shēng wèn xiǎo yú nǐ men
大声问，"小鱼，你们

fēn fēn tiào chū shuǐ miàn
纷纷跳出水面，

shì bú shì yīn wèi yào
是不是因为要

xià yǔ le
下雨了？"

"没错，鱼儿跳出水面预示着将要下雨。"一条小鱼跳出水面回答道。

"哈哈，我发现了两个预报天气的现象，我比小红马还厉害！"小公鸡兴冲冲地去追小红马。

这时，电闪雷鸣，眼看大雨就要来了！

小红马举着伞跑来了："小公鸡，下次你在观察之前，能不能带好伞？"

小公鸡嘿嘿地笑了："对对，下次我要带好伞，再观察下雨之前的奥秘！"

 知识拓展

当看见蚂蚁搬家、燕子低飞等现象时，我们就知道大雨即将来临。那么，你知道天即将放晴时有哪些现象吗？当雄鸡登高鸣叫、蜘蛛开始结网、蟋蟀在夜晚高声鸣叫时，天就要放晴了。自然界的奥秘可真多啊！

神出鬼没的小露珠

文／张冲

夜幕降临了，草叶上、花朵上、禾苗上，都出现了一颗颗小露珠。小露珠们滚来滚去，原先只有芝麻粒大小，后来就有黄豆粒那么大了。

早晨，小禾苗看见了小露珠，以为夜里下雨了，它高兴地向小露珠打招呼："早上好，小雨点儿！"

小露珠摇摇头说："我不是小雨点儿，我是小露珠！"

"小露珠？你是从天上落下来的吗？"

小露珠摆摆手说："不是，白天我还在你身边玩呢！我给你揉过腰，还给你挠过痒。"

"什么？我怎么没看见？"小禾苗惊讶得张大了嘴巴。

"那时候，天气暖和，我是'隐身'的水蒸气呀！"小露珠一脸神秘地说，"到了夜里，天气冷了，我碰上你冷冰冰的身体，才会现身，变成你看得见的小露珠。"

小禾苗张开小嘴巴，用舌头舔了舔小露珠。嗬，好清凉呀！小禾苗美美地闭上了眼睛。

忽然，温暖的阳光从天上照射下来。

"再见！小禾苗！"

xiǎo hé miáo lián máng zhēng kāi yǎn jing   què fā xiàn miàn qián de xiǎo lù zhū yǐ jīng
小禾苗连忙睁开眼睛，却发现面前的小露珠已经

bú jiàn le
不见了。

xiǎo lù zhū   xiǎo hé miáo zháo jí de dà shēng hǎn dào
"小露珠——"小禾苗着急地大声喊道。

wǒ zài zhèr ne   yí gè shēng yīn chuán lái
"我在这儿呢！"一个声音传来。

xiǎo hé miáo dōng qiáo qiao   xī wàng wang   zěn me yě zhǎo bú dào xiǎo lù zhū
小禾苗东瞧瞧，西望望，怎么也找不到小露珠。

yuán lái   xiǎo lù zhū zài yáng guāng de zhào shè xià   yòu biàn chéng   yǐn shēn
原来，小露珠在阳光的照射下，又变成"隐身"

de shuǐ zhēng qì la
的水蒸气啦！

知识拓展

　　小露珠从水蒸气变成小露珠，又从小露珠变成水蒸气，是水在自然界中循环的现象。水通过蒸发、凝结、降水、径流等方式完成水的循环。水循环在整个自然界发挥着重要的作用。

"钓"雨

文 / 张冲

清晨，天刚蒙蒙亮，爷爷就扛着钓竿叫醒了聪聪。

聪聪一骨碌从床上爬起来。忽然，他想起了一件事，忙摇着头说："不去，今天我不能去钓鱼了，我要搜集气象情报，明天该轮到我预报天气啦！"

聪聪是学校气象小组的成员。如今，虽然放假了，但活动还照样进行着。

爷爷见聪聪这么认真，就高兴地说："我的小气象学家，钓鱼时也能搜集气象情报呀！"

"钓鱼时也能搜集气象情报？"聪聪摇摇头，表示不相信。

“不信？”爷爷拍着胸脯说，“到了小河边，我教你搜集气象情报，保证误不了你明天的活动！”

爷爷的话，像一块磁铁，把聪聪吸引住了。

今天天气真好，蔚蓝的天空中不时飘过丝线般的浮云，洁白而透亮，有的云端还带着个小钩钩。

爷爷看见这种云，心里有了数。他风趣地对聪聪说：“瞧，连天上的云彩都在钓鱼呢！”

聪聪的脑中也闪过这个念头，想不到跟爷爷想到一起去了。

“哎，小气象学家，你认识那云彩吗？”爷爷忽然问道。

“这……”聪聪参加气象小组的时间不长，懂得的知识还不多，他老老实实地摇摇头。

"告诉你吧！那叫'钩钩云'。"爷爷的眼睛盯着水上的鱼漂说，"有句农谚说：'钩钩云，雨淋淋。'天上出现这种云，不出三天就会下雨。"话音刚落，爷爷猛地一拉钓竿，一条活蹦乱跳的鲫鱼就被钓上了岸。

"爷爷，您看，那片云彩多像鲫鱼的鳞片！"顺着聪聪手指的方向，爷爷看见天空中出现了一串串白色的小云片，它们一片挨一片排列着，整齐而又紧密，像鱼鳞，又像小河里那细细的波纹，好看极了。

"嗯，那叫'卷积云'，也叫'鱼鳞天'。'鱼鳞天，不雨也风颠'，那也是夏天下雨或刮风的前兆云啊！"

嗬，爷爷肚子里的农谚真不少！聪聪无心钓鱼了，干脆问个明白："爷爷，那夏天的天空中还有什么样的下雨前兆云呢？"

"怎么，要考爷爷？"

"不，是向您求教呢！"聪聪机灵地说道。

"这还不错！"爷爷乐呵呵地说开了，"夏天的天空中还会出现一种云，它像一簇簇散落的棉絮，也像一个个炸裂的棉

桃。这种云有大有小，高低不一，人们叫它'絮状高积云'。要是出现这样的云朵，也预示着快要下雨啦！"

聪聪边听爷爷说话，边抬头望天。他看见太阳周围出现了一个大光环，感到非常惊奇。他对爷爷说："瞧，太阳公公戴项圈啦！"

爷爷一看，乐了："那叫'日晕'。俗话说：'日晕雨，月晕风。'太阳戴项圈，那预示着要下雨呀！"

看来，这钓鱼倒"钓"出雨来了。聪聪陪爷爷钓鱼获得了这么多观云识天气的知识，再搜集一些综合资料，明天的天气该怎样预报，他的心里有底啦！

知识拓展

小朋友，当你看到"钩钩云""卷积云""絮状高积云"和"日晕"时，就表明天可能要下雨啦。此外，我们还可以通过识别"堡状云""朝霞"等来判断天气呢！

水妈妈过生日

文 / 张冲

水妈妈过生日，它的女儿们都赶回来看它啦！

第一个回来的是雨姑娘。雨姑娘带来了一筐水蜜桃送给水妈妈，它说："今年风调雨顺，水蜜桃大丰收，桃树妈妈让我带一些水蜜桃给您，为您祝寿呢！"

说话之间，云姑娘飘了进来。它一见水妈妈就说："妈妈，是您给我插上了飞翔的翅膀，我带回一只百灵鸟送给您，让它以后每天唱歌给您听。"

云姑娘和雨姑娘常在一起玩，它们一见面就"咯咯咯"地笑着抱在一起，乐个不停。水妈妈望着眼前

liǎng gè shuǐ líng de hǎo gū niang　xīn lǐ yě lè kāi le huā
两个水灵的好姑娘，心里也乐开了花。

hū rán　　yuǎn chù chuán lái　yì shēng láng háo　shuǐ mā ma dǎ le gè hán zhàn
　忽然，远处传来一声狼嚎，水妈妈打了个寒战。

bù yí huìr　　　　yí piàn wù qì chōng jìn wū lái　shà shí jiān　wū zi lǐ shēn shǒu
不一会儿，一片雾气冲进屋来。霎时间，屋子里伸手

bú jiàn wǔ zhǐ
不见五指。

mā ma　　mā ma　　bié hài pà　wǒ shì wù gū niang　huí lái gěi nín
　"妈妈，妈妈，别害怕，我是雾姑娘，回来给您

zhù shòu le　　　tīng dào nǚ ér wù
祝寿了！"听到女儿雾

gū niang de shēng yīn　　shuǐ mā ma zhè
姑娘的声音，水妈妈这

cái fàng le xīn
才放了心。

wù gū niang qiāo qiāo duì shuǐ mā
雾姑娘悄悄对水妈

ma shuō　　　gāng cái yǒu zhī dà huī
妈说："刚才有只大灰

láng xiǎng chōng jìn wū qiǎng shuǐ hē　shì
狼想冲进屋抢水喝，是

wǒ jí shí bǎ tā dǎng zhù le　ràng
我及时把它挡住了，让

tā bù gǎn jìn lái
它不敢进来。"

hǎo hái zi　　shuǐ mā
"好孩子！"水妈

妈高兴得泪水都流出来了。

"妈妈，大灰狼正在追赶一只小野兔，我得赶快去救小野兔，不能留下来为您祝寿了。"雾姑娘眼睛里含着泪水，望着水妈妈。

水妈妈说："去吧，孩子！救小野兔要紧。"雾姑娘听了水妈妈的话，冲出了家门。

不一会儿，又来了三个穿白衣服的姑娘。云姑娘见了问："你们是谁？来干什么？"

"我们是水妈妈的女儿，来给妈妈祝寿呀！"三个姑娘回答。

雨姑娘一看，摇摇头说："你们一点儿也不像妈妈，怎么会是妈妈的女儿呢？"

穿白衣服的姑娘说："我是雪花，它是冰花，那是霜花，我们虽然长得和妈妈不一样，但身体里都流

着妈妈的血呀！"

　　这时候，水妈妈走过来了。三个姑娘一齐扑进水妈妈的怀里，转眼就不见了。云姑娘、雨姑娘一看，傻了眼，这是怎么回事呀？

　　过了一会儿，三个姑娘才从水妈妈的怀里钻了出来。水妈妈说："它们都是我的孩子，只不过它们身上很冷，体温在零摄氏度以下，所以才由液体变成了固体的模样。"

yún gū niang hé yǔ gū niang zhè cái míng bai le   tā men yì qí wò zhe sān gè
云姑娘和雨姑娘这才明白了，它们一齐握着三个

gū niang de shǒu   gē gē gē   de xiào kāi le
姑娘的手，"咯咯咯"地笑开了。

yún gū niang   yǔ gū niang   xuě gū niang   bīng gū niang hé shuāng gū niang dōu wéi
云姑娘、雨姑娘、雪姑娘、冰姑娘和霜姑娘都围

zài shuǐ mā ma zhōu wéi   yì qí zhù yuàn tā jiàn kāng cháng shòu   wàng zhe kě ài de hái
在水妈妈周围，一齐祝愿它健康长寿。望着可爱的孩

zi men   shuǐ mā ma de xīn lǐ lè kāi le huā
子们，水妈妈的心里乐开了花。

知识拓展

　　水有液态、气态和固态三种形态。当气温低于零摄氏度时，
液态的水就会转化成固态的冰；反之，固态的冰又会变成液态
的水。常压下，当温度达到100摄氏度时，液态的水则会变成气
态的水蒸气。

是大海在欢迎我们

文／陈梦敏

小木船在蓝色的波浪上起起伏伏，海风吹在身上也好舒服。噗噗熊和米米兔的心情好得不得了，心里像藏了一条活泼的小鱼儿！

这不，真的有小鱼儿围着小木船转呀转。

"五颜六色的小鱼儿真漂亮，我好喜欢！"米米兔说，"是大海在欢迎我们！它派出了小鱼儿来迎接我们！"

"没错没错！"噗噗熊说，"大海也喜欢帅气的噗噗熊和漂亮的米米兔！"

小船向前划呀划，海鸥一边唱着歌，一边在它们

的头上盘旋。

"海鸥是在空中跳舞吗？我好喜欢！"米米兔说，

"是大海在欢迎我们！它派出了海鸥来迎接我们！"

"没错没错！"噗噗熊表示同意，"当然啦，大

海也喜欢帅气的噗噗熊和漂亮的米米兔！"

小船向前划呀划，哗啦啦……蓝鲸在不远处喷出

了水花，银亮亮的水花美极了！米米兔好喜欢！

"是大海在欢迎我们！它派出了蓝鲸来迎接我们！"

"没错没错！"噗噗熊点了点头，"当然啦，大

海也喜欢帅气的噗噗熊和漂亮的米米兔！"

"快看啊！噗噗熊，海上有座宫殿！"米米兔突然惊喜地叫了起来，"快划，快划，是大海在欢迎我们！它搬来了海上的宫殿！"

噗噗熊顺着米米兔手指的方向瞧过去，看见远处的海面上，真的有一座又大又气派的宫殿。宫殿外面好像镶嵌了许多漂亮的宝石，闪耀着迷人的光芒。

好想进去看一看呀！噗噗熊和米米兔手里的船桨快速划动起来，哗啦啦，哗啦啦，小船也飞快地前行着。

可是，好像不管怎么划，海上的宫殿还是那么遥远。"加油！加油！"噗噗熊和米米兔低下头使劲划，累得胳膊都有点儿举不起来了！

突然，米米兔一抬头，发现宫殿没了！

"宫殿没了！"米米兔简直失望透了！"是大海不欢迎我们了吗？"噗噗熊也蔫蔫地低下了头。

"哈哈，帅气的噗噗熊，漂亮的米米兔，大海一直在欢迎你们啊！"一只友好的小海豚游过来说，"海市蜃楼，不是每一个来海上的朋友都能看到的哟。"

"你是说，刚才那座宫殿是海市蜃楼？"

"是的。每年的春夏之交，在海边或沙漠中容易看到奇妙的幻景，天空中会出现城市、高山等，这就是人们所说的海市蜃楼。当接近地面的气温变化剧烈时，大气密度的差异就会随之变大，光线在传播中就会发生折射和全反射，从而形成海市蜃楼。"

"知道啦！"噗噗熊和米米兔累坏了，干脆躺在了小船上。

米米兔说："听，浪花在唱歌，这是大海在欢迎我们。""当然啦，大海也喜欢帅气的噗噗熊和漂亮的米米兔。"噗噗熊露出了满意的微笑。

知识拓展

海市蜃楼是一种因光的折射和全反射而形成的自然现象，常常发生在海面和沙漠中。海市蜃楼有两个特点，一是会在同一地点重复出现，二是每年出现的时间十分接近。

电闪雷鸣

文 / 张冲

天空乌云翻滚，电闪雷鸣。小松鼠看见牛爷爷还在田里拉犁，就大声地喊："牛爷爷，快要下雨了！"

"谢谢你，小松鼠。"牛爷爷抬头看看天，黑压压的乌云已经卷过来了，看来雨就在眼前。牛爷爷赶忙跟着小松鼠往回跑。

"哗！"倾盆大雨把小松鼠浑身都浇湿了。牛爷爷赶忙拿出雨衣，给小松鼠披上。就在这时，一道闪电像火龙似的在天上飞过。小松鼠吓得直往牛爷爷怀里躲。

"孩子别怕，这样的闪电离我们远着呢！"牛爷爷的话说完后，隆隆的雷声像铁桶似的从天边"滚"了过来。声音越来越大，拖得好长好长。

小松鼠看牛爷爷在身边，胆子也大了。它调皮地爬到牛爷爷的背上，要帮牛爷爷遮雨。牛爷爷看着机灵的小松鼠，哈哈地笑了起来。

小松鼠正得意地骑在牛爷爷的背上，又一道闪电从天空划过，紧接着"轰"的一声巨响，把小松鼠吓得从牛背上滚了下来。

牛爷爷急忙把小松鼠搂在怀里说："这次的闪电离我们太近了，吓着你了吧？"

小松鼠紧紧地抱住牛爷爷问："都是天上的雷电，怎么声音来得有快有慢呀？"

"这个问题问得好。"牛爷爷说，"闪电和雷鸣虽然是同时产生的，可电光跑得快，每秒钟大约能跑30万千米，而雷声跑得慢，每秒钟大约只能跑340米。"

牛爷爷的话像闪电似的照亮了小松鼠的心，它连忙对牛爷爷说："您的意思是，由于闪电有远有近，雷声传来才有快有慢啰！"

牛爷爷点点头，觉得小松鼠真会动脑筋。

知识拓展

光在空气中的传播速度约为30万千米/秒，而声音在空气中的传播速度约为340米/秒，因此我们总是先看到闪电，后听到雷声。闪电离我们越远，我们看到得越晚，雷声也传来得越晚。

龙吸水

文 / 张冲

xiǎo huā māo zhèng zài hé biān diào yú
小花猫正在河边钓鱼，

bù zhī shuí tū rán dà jiào qǐ lái　　　　wū lóng lái
不知谁突然大叫起来："乌龙来

la　　kuài pǎo
啦，快跑！"

xiǎo huā māo měng yì tái tóu　　wàng jiàn xī bian
小花猫猛一抬头，望见西边

wū yún fān gǔn　　　yì tiáo yòu cū yòu hēi de　　fēi
乌云翻滚，一条又粗又黑的"飞

lóng　　cóng yún duān chōng chū　　zhèng xiàng zì jǐ diào yú
龙"从云端冲出，正向自己钓鱼

de hé miàn měng pū guò lái　　xiǎo huā māo gǎn máng shōu
的河面猛扑过来。小花猫赶忙收

qǐ diào gān　　xiàng yì kē dà shù pǎo qù
起钓竿，向一棵大树跑去。

当小花猫躲在树后再看河面时，那条"乌龙"正张开大嘴"呼噜呼噜"直喝水，一会儿工夫，就把小河喝了个底朝天。

没过多久，"乌龙"忽然不见了，从天上"噼里啪啦"落下一群鱼来。鱼儿们在水坑里又蹦又跳。小花猫真是又惊又喜，捉住两条鱼就往家里跑去。

一进家门，小花猫就大叫起来："龙吸水了，下鱼雨了！"正在给小花猫做饭的猫妈妈忙问："你说的是什么龙呀？"

"天上的乌龙呀！"小花猫把看到的一切详细地告诉了猫妈妈。

猫妈妈赶忙搂住小花猫说："别怕，回来就好。其实，那不是真正的龙，而是龙卷风。"

"龙卷风？"

"是啊。这龙卷风可厉害啦！"猫妈妈把小花猫搂得更紧了，"它是一股旋风，由于'肚子'里空空的，就像一个庞大的吸尘器，会把沿途的人、车、小动物、树木，甚至建筑物都吸到'肚子'里。等到它的力气用光了，那些被吸走的东西就会从天上掉下来。"

"原来这鱼雨也是龙卷风带来的呀。"小花猫这才明白过来。

知识拓展

龙卷风是一种气象灾害，常常发生在热带和温带地区。它的速度通常为 $30 \sim 130$ 米/秒，危害性极大。小朋友，当你看到龙卷风时，可千万不要逗留，要赶紧到比较坚固的房屋内躲避。

热带雪山

文 / 杨胡平

　　dòu dòu tù　hé xiāng jiāo hóu shì hǎo péng you　　tā men hěn xǐ huan tàn xiǎn　　zhè
　　豆豆兔和香蕉猴是好朋友，它们很喜欢探险。这
cì　　tā men kāi zhe fēi chuán lái dào le chì dào fù jìn de rè dài yǔ lín tàn xiǎn
次，它们开着飞船来到了赤道附近的热带雨林探险。
　　fēi chuán jiàng luò zài yǔ lín qián de kāi kuò dì dài　　dòu dòu tù hé xiāng jiāo hóu
　　飞船降落在雨林前的开阔地带。豆豆兔和香蕉猴
gāng xià fēi chuán　　jiù bèi pū miàn ér lái de rè làng bī huí le fēi chuán shàng
刚下飞船，就被扑面而来的热浪逼回了飞船上。

· 122 ·

"真热呀！热得无法喘气。"豆豆兔左右开弓，左手和右手各拿一把扇子，不停地扇着。

"热带雨林当然热呀！可是天气再热，我们也得下飞船。别忘了我们来这里的目的。"香蕉猴带上探险装备，和豆豆兔下了飞船。

豆豆兔和香蕉猴小心翼翼地进入热带雨林。这里长满了各种它们不认识的植物。

"站住！你们鬼鬼祟祟地来这里干什么？"一只个头儿高大的黑猩猩大声喊道。喊声吓了豆豆兔和香蕉猴一大跳。

"我们是来这里探险的。"豆豆兔轻声说，生怕惹恼了面前这只高大的黑猩猩。

"你们来自哪里？"黑猩猩打量着豆豆兔和香蕉猴。

"我们从很远很远的地方来。"香蕉猴回答。

"你们是医生吗？会治病吗？"黑猩猩有些期待地问。

"我们可以试一试。有谁生病了吗？"豆豆兔和香蕉猴在出发前，去当地的森林医院培训过一段时间，学到了一些简单的救治技术，以便在探险途中生病或受伤时用。

黑猩猩带着豆豆兔和香蕉猴穿过一片茂密的雨林，来到了一片草地上。只见一头大象躺在草地上，旁边还围着长颈鹿和猎豹等动物。

"大象爷爷病了，它躺在这里不吃不喝，请你们救救它！"黑猩猩眼巴巴地看着豆豆兔和香蕉猴央求道。

原来大象爷爷的身体不好，再加上最近天气非常闷热，又有一段时间没有降雨了，大象爷爷就病倒了。

豆豆兔走上前，摸了摸大象爷爷的耳朵和额头，感到很烫。它还听见大象爷爷的呼吸非常急促。

"别担心，我带了药。"豆豆兔放下行李包，从里面找药。

"天这么热，我们给大象爷爷降降温吧。我们去找些冰凉的雪水来，给它擦拭额头，这样它的病应该会好得快一些。"香蕉猴这样分析。

"香蕉猴，你被热昏头了吧？这里可是低纬度的热带雨林，哪里来的雪水呀？难道你要开着飞船去南

极或北极取雪？"豆豆兔反问道。

"我来之前，查看过这里的地图。离这里不远处就有一座雪山，山顶有积雪。大家稍等一下，我们马上就回来。"香蕉猴拉着豆豆兔回到飞船上，开动飞船，飞到那座雪山的山顶，装了满满两大盆雪，然后又飞回了雨林边上。

早等在那里的黑猩猩，端起两大盆雪，飞快地跑到大象爷爷的身边。等雪融化后，黑猩猩将毛巾放在雪水里打湿，然后再拧干给大象爷爷降温。不一会儿，大象爷爷感到身体好多啦，就慢慢地睁开了眼睛。得知是香蕉猴和豆豆兔救了自己，大象爷爷一连说了好几声"谢谢"。

"想不到在热带地区，还能找到积雪，真是一个奇迹！"大家感到很不可思议。

知识拓展

海拔越高，空气获得的地面热辐射越少，气温便越低。海拔每升高 100 米，气温大约会降低 0.6 摄氏度。因此，即使是热带地区，海拔较高的山上也有经年不化的积雪。

会飞的"大扫帚"

文 / 张冲

一天，小猴乘上了航天飞机，到太空中旅游。

天上的星星多极了，有像太阳似的恒星，有像地球似的行星，也有像月亮一样的卫星……

人造卫星就更多啦！它们看见小猴的航天飞机，都眨着眼睛，纷纷欢迎从地球上来的客人。

这时候，不知从哪儿飞来了一把"大扫帚"。

"大扫帚"一来到小猴身边，就大声嚷道："快闪开，当心把你扫翻了！"

小猴听见了，不但没有回避，反而驾着航天飞机

zhí xiàng　　dà sào zhou　　chōng qù　　háng tiān fēi jī yí xià zi zuān jìn le　　dà sào
直向"大扫帚"冲去。航天飞机一下子钻进了"大扫

zhou lǐ
帚"里。

　　　　yí　　xiǎo hóu jīng jiào qǐ lái　　　　yuán lái　　dà sào zhou　　lǐ quán
　　"咦？"小猴惊叫起来，"原来'大扫帚'里全

shì kōng qì　　　　xiǎo hóu fàng xīn le　　tā kāi zú mǎ lì　　zhí wǎng qián chōng
是空气！"小猴放心了，它开足马力，直往前冲。

　　bù zhī fēi le duō cháng shí jiān　　xiǎo hóu kàn jiàn zhōu wéi hái shi wù máng máng de
　　不知飞了多长时间，小猴看见周围还是雾茫茫的

yí piàn　　xīn xiǎng　　　　bù hǎo　　nán dào wǒ zuān jìn le　　mí wù zhèn
一片，心想："不好，难道我钻进了'迷雾阵'？"

又飞了好长时间，小猴才从"迷雾阵"中钻了出来。它看了看里程表，大吃一惊："哎呀，已经飞了几千万千米，这把'大扫帚'真长呀！"

小猴惊奇地问"大扫帚"："你叫什么名字？"

"大扫帚"笑着说："我也是天上的星星，我叫'彗星'。人们看我像把大扫帚，所以也叫我'扫帚星'。"

知 识 拓 展

彗星是一种天体，分为彗核、彗发和彗尾三部分。由于太阳风的作用，彗星会形成一条长长的彗尾。彗尾一般长达几千万千米，最长的可达几亿千米。

小熊画星星

文 / 杨胡平

huà jiā xiǎo xióng zuò zài xīng kōng xià de yuàn
画家小熊坐在星空下的院

zi lǐ　　wàng zhe guà mǎn xīng xing de tiān kōng
子里，望着挂满星星的天空，

bù jīn fā chū yí zhèn zhèn zàn tàn　　　　　tiān shàng
不禁发出一阵阵赞叹："天上

de xīng xing zhēn měi　　wǒ yào jiāng zhè měi jǐng huà
的星星真美，我要将这美景画

xià lái　　　　tā zhēng dà yǎn jing guān chá xīng xing
下来。"它睁大眼睛观察星星。

dì èr tiān　　xiǎo xióng huí xiǎng zhe zuó tiān wǎn
第二天，小熊回想着昨天晚

shang kàn dào de xīng xing　　kāi shǐ huà huà le
上看到的星星，开始画画了。

tā huā le zhěng zhěng yí gè xīng qī de shí jiān
它花了整整一个星期的时间，

huà le yì fú míng jiào　　xīng kōng xià de sēn lín
画了一幅名叫《星空下的森林》

的画：在布满点点淡黄色的星星的天空下，有一片森林。

这幅画，画得非常逼真。小熊觉得，这幅画是它所有作品中最满意的一幅。它将画挂在了家里的墙壁上。

有一天，小熊的好朋友小红马和小猴子来到小熊家里玩。看到墙上的《星空下的森林》后，小红马赞不绝口："小熊的这幅画，画得真好，简直就和真的一样。"

小猴子仔细端详这幅画，半晌才说："小熊，你的这幅画，总体来说，画得不错，可是却犯了常识性的错误。"

作为森林里小有名气的画家，一听别人说自己的画有错误，小熊感到十分惊诧。它睁大眼睛问："哪里出错了？"

"你的画上，星星的颜色有问题。"小猴子说。

"难道星星的颜色不是黄色吗？"小熊和小红马听了，感到十分好奇和不解。

"我们看到的星星大多是恒星，其实恒星的颜色是五彩斑斓的，它们有多种颜色。当然，要用天文望远镜才能看到恒星们的真实颜色。因为它们离我们实在太遥远了，所以肉眼看上去就成了黄色的。"小猴子家里有一台天文望远镜，它经常在

wǎn shang yòng zhè tái wàng yuǎn jìng guān chá tiān shàng de xīng xing
晚上用这台望远镜观察天上的星星。

　　nà wǒ kě yǐ yòng nǐ de tiān wén wàng yuǎn jìng guān chá yí xià xīng xing de
　　"那我可以用你的天文望远镜，观察一下星星的

yán sè ma xiǎo xióng xiǎng chóng xīn huà yì fú xīng kōng xià de sēn lín
颜色吗？"小熊想重新画一幅《星空下的森林》。

　　dāng rán kě yǐ ya xiǎo hóu zi yě xiǎng xīn shǎng huà chū xīng xing zhēn zhèng
　　"当然可以呀！"小猴子也想欣赏画出星星真正

yán sè de xīng kōng huà
颜色的星空画。

xiǎo xióng yòng tiān wén wàng
小熊用天文望

yuǎn jìng zǐ xì guān chá le tiān
远镜仔细观察了天

shàng de xīng xing hòu chóng xīn
上的星星后，重新

huà le yì fú xīng kōng xià
画了一幅《星空下

de sēn lín dà jiā tīng
的森林》。大家听

dào zhè ge xiāo xi hòu mǎ
到这个消息后，马

shàng lái dào xiǎo xióng de jiā lǐ
上来到小熊的家里

kàn huà dà jiā kàn dào huà
看画。大家看到画

shàng wǔ yán liù sè de xīng xing
上五颜六色的星星

hòu   gǎn dào shí fēn chī jīng
后，感到十分吃惊。

xiǎo xióng   yí dìng shì nǐ huà cuò le   yīn wèi wǒ men kàn dào de xīng xing
"小熊，一定是你画错了，因为我们看到的星星，

yán sè shì huáng sè de   nǎ yǒu wǔ yán liù sè de ya   dà sǎng mén de xiǎo máo
颜色是黄色的，哪有五颜六色的呀？"大嗓门的小毛

lú kàn le huà hòu zhí rāng rang   dà jiā yě lián shēng fù hè
驴看了画后直嚷嚷。大家也连声附和。

qǐng dà jiā zài wǎn shang yòng tiān wén wàng yuǎn jìng kàn xīng xing   zhè yàng nǐ men
"请大家在晚上用天文望远镜看星星，这样你们

jiù zhī dào tā men shì shén me yán sè le   xiǎo xióng zhè yàng yì shuō   dà jiā biàn
就知道它们是什么颜色了。"小熊这样一说，大家便

fēn fēn jiè xiǎo hóu zi de tiān wén wàng yuǎn jìng kàn xīng xing   zhōng yú kàn dào le xīng xing
纷纷借小猴子的天文望远镜看星星，终于看到了星星

zhēn zhèng de yán sè   zhèng rú xiǎo xióng huà lǐ huà de nà yàng   xīng xing bú shì zhǐ yǒu
真正的颜色。正如小熊画里画的那样，星星不是只有

yì zhǒng yán sè   ér shì yǒu hǎo duō hǎo duō zhǒng yán sè
一种颜色，而是有好多好多种颜色。

知识拓展

我们平时看到的星星大多是恒星。恒星的内部一直进行着剧
烈的热核反应，释放出的巨大能量通过辐射、对流等方式输送
到恒星表面，从而使星体发光。不同的恒星由于年龄、质量和
金属含量等差异，呈现出的颜色也不尽相同。

噗噗熊想要抓流星

文 / 陈梦敏

电视上说今晚会有流星雨，噗噗熊有点儿坐不住了。

噗噗熊看过流星雨的视频，那些流星从夜空中落下来，就好像一条条闪闪发光的小鱼。"如果能抓住这些'小鱼'的话，是不是可以带回家养在鱼缸里？我得去试试，抓颗流星带回家！嗯，就这么办！"噗噗熊想着，起身翻出了捕蝶网，把它扛在肩上出发了。

"你好，噗噗熊，你这是要去抓蝴蝶吗？"拉拉鼠看见神气的噗噗熊问。

"晚上可不是抓蝴蝶的好时间。"噗噗熊说，

“告诉你吧，我要去抓流星！据说，今天会有好多流星呢。”

“抓流星，听起来好棒呀！”拉拉鼠连忙问，“我能跟你一起去吗？”

“行，到时候我分你一颗！”噗噗熊可不是一只抠门儿的小熊。

拉拉鼠连蹦带跳地跟着噗噗熊走了。一转眼，它们碰到了毛毛猴。

“你们是要去抓知了吗？”毛毛猴问。

“告诉你吧，我们要去抓流星！据说，今天会有好多流星呢！”拉拉鼠抢着说，

"噗噗熊答应分给我一颗。"

"我跟你们走，噗噗熊，你也分给我一颗！"毛毛猴忙从树上跳了下来。

"没问题！"噗噗熊大方地点了点头。

老远，噗噗熊就看到了米米兔，它故意吹了两声口哨儿："米米兔，来吧，跟我们一起！"

"天都黑了，你们这是要上哪儿？是想去抓飞蛾？"米米兔问。

"告诉你吧，我们要去抓——"噗噗熊故意顿了顿，说，"流星！"

"噗——"米米兔憋不住笑了出来，"噗噗熊，你还真长本事了，竟然能抓住流星！"

"流星那么小，像小小的鱼儿一样，抓住它应该不难吧。"噗噗熊挠了挠头说。

"知道流星是怎么来的吗？在宇宙中，除了恒星、行星之外，还有各种星际物质，它们小的似微尘，大的像高山，都按照各自的轨道在宇宙中运行。这些星际物质就是流星体。流星体坠

· 139 ·

落到大气层中时，会与大气发生强烈摩擦而燃烧，从而形成流星。大部分流星体在降落到地面之前，已经燃成灰烬了；一些大的流星体没有燃尽，落到地面就会成为陨石。"

"唉，原来流星不能像小鱼一样养在鱼缸里。"噗噗熊有点儿失望。

"看啊，流星雨，好漂亮！"米米兔突然指着天空，叫了起来。

没错，那就一起看流星雨吧！

知识拓展

流星雨有强有弱，弱的流星雨一小时内只能观测到寥寥几颗流星，强的流星雨在很短的时间内就能迸发出成千上万颗流星。当每小时出现的流星超过1000颗时，这种规模的流星雨便被称作"流星暴"。

好玩的空瓶罐

文／苏梅

yáng guāng càn làn de yì tiān　　xiǎo bái jīng hào hao xiàng hǎi miàn yóu qù　　tā xiǎng
阳光灿烂的一天，小白鲸浩浩向海面游去，它想

qù hǎi miàn tòu tou qì
去海面透透气。

hào hao yóu dào hǎi miàn　　kàn dào
浩浩游到海面，看到

hǎi miàn shàng piāo fú zhe yí gè kōng guàn
海面上漂浮着一个空罐

zi　xīn xiǎng　　hā hā　zhèng hǎo
子，心想："哈哈，正好

kě yǐ gěi wǒ dǐng zhe wán
可以给我顶着玩。"

pēng　 pēng　 pēng
"嘭，嘭，嘭……"

hào hao kāi shǐ dǐng kōng guàn zi wán le
浩浩开始顶空罐子玩了。

bù yí huìr　　hào hao yòu kàn
不一会儿，浩浩又看

· 141 ·

到远处有两个空瓶子，于是它游过去，用尾巴拍着玩，"啪，啪，啪"，溅起了一朵朵水花。

浩浩玩得很开心！

玩着玩着，浩浩突然想道："如果大家都扔空瓶罐，会破坏我们薰衣草海湾的环境，这可不行！绝对不行！"

浩浩去找小丑鱼陌陌，它把这件事告诉了陌陌，还说："陌陌，我们得想想办法。"

"我有办法。"陌陌说，"不让商店卖瓶罐装的东西，不让大家喝饮料，这样不就没有空瓶罐可以扔了吗？"

"哈哈哈，你出的是馊主意。"浩浩笑起来。

"那你有什么好主意？"陌陌不服气地问。

浩浩想了想说："我们去捡空瓶罐吧！"

"什么？你的好主意就是让我们去捡垃圾？"陌陌更加不服气了。

"在你没有想到更好的办法之前，你就听我的吧！"浩浩坚持自己的想法。

浩浩回家拿了个大袋子就出门了。它看见空瓶罐就捡进大袋子里。

陌陌虽然不乐意，但还是帮浩浩一起捡了。

浩浩的表妹小白鲸甜甜看见了，笑话它们说："你们两个是收破烂儿的吗？"

zhè xiē lā jī zhēn tǎo yàn yào gǎn kuài qīng lǐ tā men hào hao shuō
"这些垃圾真讨厌！要赶快清理它们。"浩浩说，

tián tian nǐ yě lái bāng máng ba děng huìr wǒ yòng kōng píng guàn biàn mó shù gěi
"甜甜，你也来帮忙吧！等会儿我用空瓶罐变魔术给

nǐ men kàn
你们看。"

tián tian dā ying le bù yí huìr tā men jiù jiǎn le yí dà dài kōng píng guàn
甜甜答应了。不一会儿，它们就捡了一大袋空瓶罐。

bié wàng le nǐ shuō guo yào yòng kōng píng guàn biàn mó shù gěi wǒ men kàn
"别忘了，你说过要用空瓶罐变魔术给我们看

de tián tian shuō
的。"甜甜说。

méi wàng jì xiàn zài jiù qù wǒ jiā wǒ gěi nǐ men biàn mó shù
"没忘记，现在就去我家，我给你们变魔术。"

· 144 ·

浩浩背着一大袋空瓶罐游回了家。陌陌和甜甜一起跟着它。

浩浩拿来了剪刀、尖嘴钳、细铅丝、小铁钉、万能胶、硬纸板、长条玻璃、圆玻璃、彩色纸屑等东西，把桌上都放满了。

不一会儿，浩浩用一个空瓶罐做了一个万花筒。

"给我看看！给我看看！"陌陌和甜甜都抢着要看万花筒。

接下来，浩浩用两个空瓶罐做了一架望远镜。

"给我看看！给我看看！"陌陌和甜甜又开始抢望远镜。

很快，浩浩用三个空瓶罐做了一个笔筒。

甜甜把两支笔插进了笔筒里。

浩浩又用六个空瓶罐做成了一个小凳子。

　　"让我坐坐！让我坐坐！" 陌陌和甜甜又抢着坐
小凳子。

　　浩浩还用十个空瓶罐做成了一面鼓。

　　"咚咚嗒嗒"，浩浩和陌陌一起拍鼓。甜甜帮它
们打着节拍。

　　朋友们听到鼓声，都游过来了。它们都很佩服浩
浩能变罐子魔术。

　　"这些空瓶罐都是捡来的，它们破坏了环境。"

^{hào hao shuō} ^{qǐng dà jiā yǐ hòu bié luàn rēng lā jī le} ^{kōng píng guàn kě yǐ shōu}
浩浩说，"请大家以后别乱扔垃圾了，空瓶罐可以收

^{jí qǐ lái biàn mó shù}
集起来变魔术。"

^{hào hao yòng hěn duō kōng píng guàn zuò le yí liè huǒ chē}
浩浩用很多空瓶罐做了一列火车。

^{dà jiā chéng shàng guàn zi huǒ chē yì qǐ qù shōu jí kōng píng guàn le hāi yō}
大家乘上罐子火车，一起去收集空瓶罐了。嗨哟

^{hāi yō hào hao hé péng you men yì qǐ yòng hěn duō hěn duō de kōng píng guàn dā jiàn}
嗨哟，浩浩和朋友们一起，用很多很多的空瓶罐搭建

^{le yí gè yóu lè chǎng}
了一个游乐场。

^{dà jiā kàn dào kōng píng guàn zhè me hǎo wán yǒu zhè me duō yòng chù dōu bù}
大家看到空瓶罐这么好玩，有这么多用处，都不

^{shě de rēng diào le cóng cǐ xūn yī cǎo hǎi wān yòu biàn de gān gān jìng jìng de le}
舍得扔掉了。从此，薰衣草海湾又变得干干净净的了。

知识拓展

海洋垃圾不仅影响海洋美观，还会造成水体污染。聪明的浩浩不仅把空瓶罐变成万花筒等好玩或有用的东西，还带领大家一起去捡空瓶罐造游乐场。浩浩的行为不仅能够节约资源，保护环境，还给大家带来了快乐。

来了一只"大乌贼"

文 / 杨胡平

在一片水草丛中，一群小鱼小虾正在津津有味地听海龟爷爷讲故事。

忽然，有一股黑色的"墨汁"涌了过来。

"不好啦！不好啦！大乌贼喷出墨汁啦！肯定是危险的大鲨鱼来啦，大家赶快跑！"金枪鱼喊了一声，就"嗖"的一下不见踪影了。

其他水下动物，也顾不上听海龟爷爷的故事了，都慌慌张张地逃跑了。

可大家一口气游了老远后，也不见大鲨鱼的影子。

“说不定大鲨鱼离开了，我们回去看看。”在海
豚的提议下，大家又游了回去。

只见源源不断的“墨汁”涌了过来，将附近的海
水都染黑了。

“天哪！这只大乌贼真厉害！它竟然能不停地喷
出墨汁。”海龟爷爷感到有些奇怪，它还从没见过乌
贼能喷出这么多“墨汁”。

一只小乌贼想认识一下这位能源源不断地喷“墨

汁"的大乌贼，看能不能学到这项厉害的本领，就朝"墨汁"的来源处游了过去。忽然，小乌贼感到一阵眩晕，之后就什么也不知道了。

"这些墨汁怎么有股怪味？而且好像还有剧毒，根本不像我们乌贼喷出的墨汁。"小乌贼醒来后说。它发现自己被大家拖到了海水清澈的安全地带。

这股"墨汁"仍不断地在清澈的海水里蔓延，所到之处，有不少小鱼昏厥甚至死亡。

"小乌贼说得对，这根本不是大乌贼喷出的墨汁。这是陆地上的工业污水。"聪明的海豚说。

"我上岸去侦察一下。"海龟爷爷冒着生命危险，爬上了海岸。果然，它发现了一座高大的工厂。

从工厂里伸出的几根粗大的管子，正在"哗哗哗"地向大海里排着黑乎乎的污水。一阵风吹来，一股刺鼻的怪味飘了过来。

"大家赶快撤离这里。海豚说得没有错，海边的一个工厂正往海里排放着污水。再不撤离，我们就危

险了！"海龟爷爷连忙爬回海里，难过地对大家说。

"这可是我们世世代代生活的家园呀！真舍不得离开！"小乌贼伤心地说。

"我也不想离开，可是再不离开，大家就没命了呀！"海龟爷爷带着大家开始向远方游去。

大家离开时，回头看了看，漆黑的污水像一张魔鬼的大嘴一样，正在吞噬着它们美丽的家园。

知识拓展

由于人类向大海里排放工业污水，海洋里的动物为了生存，不得不离开自己热爱的家园。我们要抵制这种污染环境、破坏生态的行为，还海洋动物一个美丽、洁净的家园。

隐形杀手

文 / 苏梅

小兔最喜欢吃萝卜了。可是有一天，它吃了萝卜后肚子就痛了起来。

"怎么回事？是不是萝卜有问题？"兔妈妈又着急又心疼，拿着吃剩的萝卜，带着小兔去看病。

猫医生给小兔仔细检查后，还对吃剩的萝卜进行了化验，化验的结果是萝卜皮上有毒。

猫医生让小兔躺着输液，请白鸽护士照顾它。

猫医生和兔妈妈找到卖萝卜的猪大婶儿。猪大婶儿的菜筐里有几个卖剩的萝卜。猫医生拿了两个，也进行

了化验，可化验的结果是萝卜皮上没有毒。

"这是怎么回事呢？"猫医生和兔妈妈都感到很奇怪。

这时，小花狗来买萝卜。猪大婶儿麻利地抽出一个薄薄的塑料袋，把萝卜装进去，然后把袋口一扎，放到秤上称重量。

猫医生说："让我把装萝卜的塑料袋化验一下。"

猫医生化验的结果是塑料袋有毒！这种毒正好与萝卜皮上的毒相同。

猫医生找来猪大婶儿，严肃地问："你的塑料袋是从哪儿买的？"

"狐狸卖给我的，它开了个塑料加工厂。"猪大婶儿脸红了，"我贪图便宜才买的，可我真的不知道它卖给我的塑料袋有毒。这家伙坑了我。"

"塑料袋怎么会有毒呢？"兔妈妈不解地问。

"我们去看看就明白了。猪大婶儿，请你带路吧。"猫医生说。

大家一起去找狐狸，路过熊大伯家，看见熊大伯正唉声叹气地坐在家门口。

"您怎么啦？"大家一起问。

熊大伯指指背后满院子的篮子说："以前我用枝条、竹篾编的篮子，大家都喜欢用，现在大家都用塑料袋，我编的篮子也卖不出去了。我无事可做，难受啊！"

大家听了，心里也很难受。

它们来到狐狸的塑料加工厂，还没走进门，就闻

到一股刺鼻的味道。

一进门，大家就看到加工厂的门边堆满了废旧塑料、废弃包装袋等。狐狸正把这些回收的废旧塑料打碎，用机器加工成塑料袋。

"狐狸，你用的废旧塑料没有经过严格的清洗、消毒，做出来的塑料袋有毒，会污染食品，成为危害人们身体健康的'隐形杀手'。"猫医生说。

"这种塑料袋太可怕了，我们以后再也不用了。"兔妈妈和猪大婶儿一齐说。

第二天，电视新闻里报道了这件事。记者说：

zhè zhǒng liè zhì de sù liào dài　　　bù jǐn wēi hài wǒ men de shēn tǐ　　hái huì wū

"这种劣质的塑料袋，不仅危害我们的身体，还会污

rǎn wǒ men shēng huó de huán jìng　　　　dāng rán　　hú li de sù liào jiā gōng chǎng bèi

染我们生活的环境……"当然，狐狸的塑料加工厂被

qiáng xíng guān bì le

强行关闭了。

zhè tiān　　tù mā ma qù xióng dà bó jiā mǎi lán zi　　kàn dào yuàn zi lǐ kōng

　　这天，兔妈妈去熊大伯家买篮子，看到院子里空

dàng dàng de　xióng dà bó zhèng zuò zài yuàn zi de yì jiǎo biān lán zi　　tīng tù mā ma

荡荡的，熊大伯正坐在院子的一角编篮子。听兔妈妈

shuō yào mǎi lán zi　xióng dà bó lè hē hē de shuō　　zhè jǐ tiān lái mǎi lán zi

说要买篮子，熊大伯乐呵呵地说："这几天来买篮子

de tè bié duō　yǐ qián biān hǎo de lán zi dōu bèi mǎi zǒu le　nǐ děng deng　wǒ

的特别多，以前编好的篮子都被买走了。你等等，我

shǒu lǐ de zhè ge biān hǎo le jiù gěi nǐ

手里的这个编好了就给你。"

hǎo de　　　tù mā ma gāo xìng de shuō

　　"好的！"兔妈妈高兴地说。

　　狐狸用劣质原料制造出的塑料袋，不仅污染了环境，还对大家的身体造成了危害。我们要尽量少用塑料袋，多用布袋、菜篮，这样才能减少资源浪费，保护地球环境，让我们的生活变得更美好。

海滩树林

文 / 杨胡平

不停涌动着的蔚蓝色大海，就像铺在金色海滩上的一块蓝色绸缎。一群小动物在海边玩，一个大浪冲来，一段堤岸被冲垮了，吓得小动物们纷纷逃离了海边。

"在海边种一片树林，可以巩固堤岸。"小熊对大家说。

"那我们从现在起，就开始在海边种树吧！等树长大了，不但能巩固堤岸，我们还能在树荫下乘凉。"狐狸提议。

大家认为这个主意不错，于是从不远处的小山上

wā lái le xǔ duō shù miáo，有榕树苗、柳树苗、松树苗、香樟
挖来了许多树苗，有榕树苗、柳树苗、松树苗、香樟

shù miáo、木棉树苗……大家在海滩上挖好小坑后，将这
树苗、木棉树苗……大家在海滩上挖好小坑后，将这

xiē shù miáo zāi le xià qù，然后给树苗们浇了海水。
些树苗栽了下去，然后给树苗们浇了海水。

没想到，过了几天，这些栽在海滩上的树苗全死
掉了。

"这些树苗为什么一棵都没有活呢？"狐狸问大
家。"也许是我们栽树的方法不对，我们再栽一次。"
小花猪挥了挥拳头，干劲十足，信心也十足。

大家这次从离海滩很远的树林里，挖来了好多树
苗，认真地栽在了海滩上。结果和上次一样，没有一
棵树苗成活。

大家盯着枯死的树苗，低头沉思。

"前几天我就看到你们在海边栽树。你们栽了些什么树呀？"一只海鸥飞过来问。

"我们栽了榕树苗、柳树苗、松树苗、香樟树苗、木棉树苗……结果全死掉了。"小熊回答。

"大海里的水是咸的，而海水会涌到海滩上来，你们所栽的这些树苗当然会死。如果你们栽一些红树，它们肯定能活下来。因为红树是一种适合在海滩上生长的树。它们的根不仅能牢牢地抓住海滩上的淤泥，露出地面的根还能呼吸新鲜空气。另外，红树还能通过叶子排出过多的盐分呢！"海鸥拍了拍翅膀说。

"哪儿有红树呢？"狐狸问。

"请跟我来！"在海鸥的带领下，小动物们终于找到了一片生长在海边的红树林。

　　“啊，这么多红树！我们开始挖红树苗吧！”小花猪拿着锄头低头找红树苗。

　　“别急！刚才忘记告诉你们了，红树苗在大红树上就能找到，红树是'胎生'的。”

　　听海鸥这么一说，小动物们还真在一棵大红树上找到了不少红树苗。

　　“红树为什么不像别的树一样，将种子落在地面上，再发芽长成小树苗呢？”小熊吃惊地问。

"这是因为红树生长在海边，经常遭受海浪的冲击，如果种子落下来会很容易被海浪冲走。所以红树的种子会直接在母树上发芽并长成树苗，之后，树苗就会'跳'到海滩上，随着海水到处飘，一碰到合适的地方就扎根生长。"海鸥解释道。

小熊它们在大红树上采集了许多红树苗，运回去后，栽在了光秃秃的海滩上。这些红树苗全部成活了。没过多长时间，海滩上出现了一大片红树林，成了大家的海边乐园，吸引了许多小动物来这里乘凉玩耍。

知识拓展

红树林是海边的堤岸卫士，它拥有十分发达的根系，能够防风固岸。此外，红树林还能吸收大量的氮和磷，对净化海水和空气非常有帮助。红树林可真是人类保护环境的好帮手！

会讲故事的老邮筒

文 / 苏梅

这天，阿阿熊出门散步，走了一条它以前从没有走过的路。路上没有其他人，非常安静！

"唉……"阿阿熊听到一声沉重的叹息。

"谁？是谁的声音？"阿阿熊四处张望，却什么都没有发现，它觉得很奇怪。

"是我，我是老邮筒。"一个苍老的声音在阿阿熊的身边响起。

阿阿熊这才注意到路边有个老邮筒。老邮筒身上的绿衣服已经破破烂烂了，一道道铁锈就像老邮筒的

yì tiáo tiáo zhòu wén
一条条皱纹。

lǎo yóu tǒng nín hǎo
"老邮筒，您好！
nín wèi shén me tàn qì a
您为什么叹气啊？"
ā ā xióng wèn
阿阿熊问。

xiàn zài xiě xìn de rén
"现在写信的人
tài shǎo le dà jiā dōu zài wǎng
太少了，大家都在网
shàng xiě xìn hé fā hè kǎ wǒ
上写信和发贺卡。我
yǐ jīng tuì xiū wú shì kě gàn le wǒ zài zhè lǐ tài jì mò le
已经退休无事可干了，我在这里太寂寞了。"

ā ā xióng xiǎng yuán lái shì zhè yàng děi xiǎng bàn fǎ bāng bang lǎo yóu tǒng
阿阿熊想："原来是这样！得想办法帮帮老邮筒。"

nà me wǒ hé wǒ de huǒ bàn men yì qǐ lái xiě xìn rán hòu dōu tóu
"那么，我和我的伙伴们一起来写信，然后都投
dào nín zhè lǐ zhè yàng nín jiù bú huì jì mò le ā ā xióng shuō wǒ
到您这里，这样您就不会寂寞了。"阿阿熊说，"我
men hái kě yǐ qǐng bié rén yě lái xiě xìn hé jì hè kǎ
们还可以请别人也来写信和寄贺卡。"

xiè xie nǐ ā ā xióng nǐ shì gè shàn liáng de hái zi dàn wǒ bù
"谢谢你，阿阿熊，你是个善良的孩子。但我不

希望你们这样做。"老邮筒说，"因为上网写信和发贺卡可以节约纸张，减少砍伐树木，保护环境。而且我已经退休了，即使你们把信投到我这里，也不会有邮递员来拿信了。"

"那怎么办呢？"阿阿熊一时想不到好办法。

"我会讲很多很多的故事，你能听我讲一个故事吗？"老邮筒又说。

"当然可以，我最喜欢听故事啦！"阿阿熊坐到老邮筒的身边，听它讲故事……阿阿熊觉得，老邮筒讲的故事真好听。

太阳快落山了，阿阿熊该回家了。在回家的路上，阿阿熊还在想着该怎样帮助老邮筒。

"如果我请朋友们都来这里听故事，好像也不行，因为这里离大家住的地方有点儿远。或者……哦，我想到好办法啦！"

第二天，阿阿熊把伙伴们都找来了，说了老邮筒的事情。伙伴们都说要和阿阿熊一起来帮助老邮筒。

"那我请我的爸爸来帮忙，我们一起给老邮筒搬家吧。"阿阿熊说。

阿阿熊带着大家出发了。它们走到老邮筒的面前，对老邮筒说："您好！我们都来看您啦！我们想给您搬家，把您搬到我们常去玩的那片树林里，您看可以吗？我们都想常常听您讲故事呢！"

"可以！可以！当然可以！"老邮筒呵呵地笑了。

在熊爸爸的帮助下，阿阿熊、扑扑象和毛毛猴一起抬着老邮筒来到树林里，让老邮筒在这里安了家。熊爸爸还买了橘黄色的油漆，把老邮筒重新粉刷了一遍。

cóng cǐ　　　ā　ā xióng hé huǒ bàn men jīng cháng lái shù lín　lǐ tīng lǎo yóu tǒng jiǎng
从此，阿阿熊和伙伴们经常来树林里听老邮筒讲

gè zhǒng gè yàng de　gù shi　　　tā men cháng cháng tīng de hā hā dà xiào　　shù lín lǐ chōng
各种各样的故事，它们常常听得哈哈大笑。树林里充

mǎn le xiào shēng　　lǎo yóu tǒng de xīn lǐ yě chōng mǎn le kuài lè　　tā xiǎng　　　yīn
满了笑声，老邮筒的心里也充满了快乐。它想："因

wèi yǒu le shàn liáng de ā ā xióng hé tā de huǒ bàn men　　wǒ chóng xīn shàng gǎng le
为有了善良的阿阿熊和它的伙伴们，我重新上岗了！"

知识拓展

　　浪费纸不仅会白白消耗造纸的原料——大树，还会对环境造成严重污染。我们在日常生活中，可以通过双面使用练习本、弃用一次性纸杯和用手帕代替餐巾纸等方式来节约用纸。

好大好大的树伞

文 / 苏梅

在一片树林里，有一棵大树，它撑着一层又一层的树伞。在这棵大树上，住着一只野猫、三只松鼠和很多只小鸟，大家都开心、安定地生活着。

可是有一天，开来了一辆豪华的小汽车。小汽车停下来，从里面走出来三个人，其中一个胖乎乎的人看到这棵大树，满意地点点头。他对旁边的两个人说："你们看，这棵树的树伞，就像欢迎客人的大手。我们侠客公园门口就缺这么一棵迎客的大树，你们把这棵大树搬过去吧！"

大树和树上的动物们听见了这句话，都大吃一惊！

大树开始不安地抖动着枝条。树上的动物们也开始议论起来。

"大树要搬家了，这太可怕了，大树是我们的家呀！"小鸟们着急地说。

"那我们怎么办呢？以后我们住在哪里呢？"三只松鼠无奈地说。

"难道我们也要跟

着一起搬家吗？"野猫郁闷地说。

就这样，它们度过了难熬的一天。这天晚上，谁都没有睡好觉。

第二天，"轰隆轰隆"，开来一辆大卡车和一辆大吊车。从车上下来几个拿着工具的人，他们开始挖大树了。

"啪啦，啪啦，啪啦……"小鸟们往工人们身上拉便便；"扑通，扑通，扑通……"野猫和松鼠们往工人们身上扔松果、树枝……

"怎么回事？怎么回事？"工人们手忙脚乱：有的去擦头发上的

便便；有的去擦衣服上的便便；有的用手挡着自己的头；有的抬头看，怕再遇到袭击……

可是后来，工人们还是把大树挖了出来，用大吊车把它吊起来，放在了那辆大卡车上。

"大树，你不能走！"野猫说。

"大树，你不能走！"三只松鼠说。

"大树，你不能走呀！"小鸟们说。

"朋友们，我喜欢这里，喜欢你们，我也不想走，可是大吊车来吊我，我身不由己啊！"大树悲伤地说。

最终，大卡车还是带走了大树。

"我们一起追！"野猫说。

于是，小鸟们跟着大卡车飞，三只松鼠跟着大卡车跳，野猫跟着大卡车跑……幸好，开卡车的司机只顾着看前面的路，并没有发现跟在车后的小动物们。

小鸟们先飞到大卡车的车厢里。接着，野猫和三只松鼠也追上来，跳进了车厢里。它们开始轻声商量，请大卡车帮忙。

"大卡车，你听我们说，这里是我们的美好家园，大树不想离开这里，我们也不想让大树离开这里，请你帮帮我们吧！"野猫、三只松鼠和小鸟们请求道。

大卡车听了，很同情小动物们，它说："我可以帮你们，等会儿我就罢工不走了。不过这不是长远之计，他们会再去找一辆大卡车来把大树运走的。"

"没关系，你先罢工，不要往前走了，接下来我们再想办法。"野猫说。

"哐当、哐当"，大卡车在几声"哐当"之后，果然停下来不走了。"怎么回事？"司机从前面的驾驶室里跳下来，东查查，西看看，就是看不出大卡车哪里出了毛病。发动不了大卡车，他只能把大卡车停在这里，去找人来帮忙。

"谢谢你，大卡车！"大树和小动物们都感激地说。

"不用谢，你们赶快想想接下来该怎么办吧！"大卡车真诚地说。

"是啊，大树不会自己走，我们也搬不动大树，那可怎么办呢？"一只小鸟说。

"伙伴多，办法也会多，我们一起想想吧！"一只松鼠说。

于是大家都安静下来，开始想办法。

野猫的脑袋转得飞快，它说："我想，只有龙卷风先生能搬动大树。我们去请它帮忙吧！"

"这个办法好。可是龙卷风先生的脾气既古怪又暴躁，它会帮忙吗？"一只松鼠说，"而且，它住在遥远的山洞里，请它过来是不是来不及？"

"那就只能靠你们小鸟去找龙卷风先生了。你们飞的速度最快。"野猫说，"我来写一封信，你们带着这封信去找它，我想它会帮忙的。"

野猫和大树轻声商量了一会儿，就用大树叶当信纸，用树枝当笔，写了一封给龙卷风先生的信。

小鸟们带着信，飞过森林，飞过大湖，飞过高山，来到高山另一边的大山洞里，找到了龙卷风先生，并把野猫写的那封信交给了它。

lóng juǎn fēng xiān sheng kàn le xìn bú dàn méi shēng qì hái dā ying bāng zhù tā
龙卷风先生看了信，不但没生气，还答应帮助它

men bìng ràng xiǎo niǎo men xiān huí qù děng zhe
们，并让小鸟们先回去等着。

xiǎo niǎo men fēi le huí lái tā men duì lóng juǎn fēng xiān sheng zhè me shuǎng kuai de
小鸟们飞了回来，它们对龙卷风先生这么爽快地

dā ying le gǎn dào nán yǐ zhì xìn dàn yě māo shuō wǒ xiāng xìn lóng juǎn fēng xiān
答应了感到难以置信。但野猫说："我相信龙卷风先

sheng tā jì rán dā ying le jiù huì zuò dào wǒ men gǎn kuài huí qù děng zhe ba
生，它既然答应了，就会做到。我们赶快回去等着吧！"

tā men gào bié le dà shù huí dào le yuán lái dà shù zài de sēn lín lǐ
它们告别了大树，回到了原来大树在的森林里。

guǒ rán méi guò duō jiǔ lóng juǎn fēng xiān sheng jiù lái le hái juǎn zhe dà
果然，没过多久，龙卷风先生就来了，还卷着大

shù yì qǐ lái le tā bǎ dà shù wěn wěn de fàng huí yuán lái de kēng lǐ yòu bǎ
树一起来了。它把大树稳稳地放回原来的坑里，又把

zhōu biān de ní tǔ chuī huí qù　　gài zhù le dà shù yòu cháng yòu mì de shù gēn
周边的泥土吹回去，盖住了大树又长又密的树根。

tài bàng le　　xiè xie lóng juǎn fēng xiān sheng　　dà jiā duǒ zài bù yuǎn chù
"太棒了！谢谢龙卷风先生！"大家躲在不远处，

gěi lóng juǎn fēng xiān sheng gǔ zhǎng
给龙卷风先生鼓掌。

lóng juǎn fēng xiān sheng zhī dào zì jǐ bù néng zài zhè lǐ jiǔ liú　tā gāo xìng de
龙卷风先生知道自己不能在这里久留，它高兴地

diǎn dian tóu　　mǎ shàng fēi zǒu le
点点头，马上飞走了。

tài shén qí le　　nǐ de xìn jū rán zhēn de ràng lóng juǎn fēng xiān sheng lái bāng
"太神奇了，你的信居然真的让龙卷风先生来帮

le wǒ men　　nǐ zài xìn lǐ xiě le shén me ya　　sān zhī sōng shǔ hé xiǎo niǎo men
了我们。你在信里写了什么呀？"三只松鼠和小鸟们

dōu hào qí de wèn yě māo
都好奇地问野猫。

yě māo xiào zhe shuō　　　yīn
野猫笑着说："因

wèi wǒ zhī dào　　jí shǐ qiáng dà de
为我知道，即使强大的

lóng juǎn fēng xiān sheng　　yě hài pà gū
龙卷风先生，也害怕孤

dú　　yě xū yào péng you　　wǒ zài
独，也需要朋友。我在

xìn lǐ chēng tā wéi　zūn jìng de lóng
信里称它为'尊敬的龙

juǎn fēng xiān sheng　　　hái shuō wǒ men
卷风先生'，还说我们

愿意成为它的朋友，以后会经常给它写信，给它讲外面的世界和很多好听的故事。"

"野猫，你真聪明！"大家欢呼起来，又回到了大树上。

后来，那个要挪树的人听说大树自己回去了，感到不可思议。他认为这是一棵神树，是不能侵犯的，就打消了移树的念头。

从此，野猫、三只松鼠和小鸟们又可以在这棵大树上无忧无虑地生活了！

知识拓展

人们为了满足自己的贪欲，砍伐了许多大树，对自然环境和生态都造成了极大的破坏。我们一定要爱护环境，节约资源，从一点一滴的小事做起，让世界变得更加美丽。

小树不能摇

文 / 苏梅

三月里的小雨淅淅沥沥，这样的季节，正是种树的好时候。

闪电熊和朋友们常去玩的那片草地上，突然多了很多棵小树。这些小树是谁种的呢？大家都不知道。

这天上午，闪电熊和朋友们约好在小树林里一起玩。香香兔第一个来了。

只见香香兔掏出口袋里的皮筋儿，把皮筋儿的两头系在两棵小树上，然后开始在小树林里跳皮筋儿。

啊呜龙来了，它可不喜欢跳皮筋儿，它就拍球玩。

拍着拍着，啊呜龙觉得好热呀。它脱下外套，把
外套挂在了小树上。这棵小树一下子就被压弯了腰。

跳跳猴来了，它说："我来给你们表演我新学的
跆拳道。"

"嘿！哈！嘿哈！"跳跳猴的手掌向小树挥去，
把身边几棵小树打得东倒西歪。

闪电熊来了，看到这一切，它很着急。闪电熊想
了想，然后说："我们来玩个游戏吧！现在请你们听
我的指挥做动作，左摆、右摆，左摆、右摆，左摆、

yòu bǎi
右摆……"

shǎn diàn xióng ràng tā men yì lián zuò le jǐ shí gè zuǒ bǎi yòu bǎi
闪电熊让它们一连做了几十个"左摆右摆"。

xiāng xiāng tù shuō bù wán le bù wán le wǒ de tóu hǎo yūn
香香兔说："不玩了，不玩了，我的头好晕！"

ā wū lóng shuō bú gàn le bú gàn le wǒ de yāo hǎo suān
啊呜龙说："不干了，不干了，我的腰好酸！"

tiào tiào hóu shuō shòu bù liǎo le shòu bù liǎo le wǒ de tuǐ hǎo téng
跳跳猴说："受不了了，受不了了，我的腿好疼！"

kě shì xiǎo shù de
"可是小树的

yāo yì zhí bèi nǐ men zhè yàng
腰一直被你们这样

wān zhe tā men jiù bù nán
弯着，它们就不难

shòu ma shǎn diàn xióng wèn
受吗？"闪电熊问。

yuán lái nǐ bù xiǎng
"原来你不想

ràng wǒ bǎ pí jīnr jì zài
让我把皮筋儿系在

xiǎo shù shàng a xiāng xiāng
小树上啊！"香香

tù jiě xià le jì zài xiǎo shù
兔解下了系在小树

shàng de pí jīnr
上的皮筋儿。

“原来你不想让我把衣服挂在小树上啊！”啊呜龙拿掉了挂在小树上的外套。

“原来你不想让我对着小树练跆拳道啊！”淘气的跳跳猴向小树鞠了个躬，“小树，对不起！要不你也打我几下吧！”

没想到跳跳猴鞠躬的时候碰到了小树，小树的枝条正好扫到了跳跳猴的脸。

“小树真的打我呀！”跳跳猴噘着嘴说。闪电熊、香香兔和啊呜龙都捂着嘴笑了。

“小树不能摇！”闪电熊说，“因为小树的根又细又嫩，如果摇晃它，就会把根折断。根断了，小树就不能吸收养分。时间长了，小树就会死掉。”

“让我们为小树做点儿事情吧！”香香兔、啊呜龙和跳跳猴一齐说。

sān tiān hòu 　　shǎn diàn xióng hé péng you men zài xiǎo shù lín de zhōu wéi chā shàng le
三天后，闪电熊和朋友们在小树林的周围插上了

jǐ kuài pái zi 　　pái zi shàng xiě zhe 　　xiǎo shù bù néng yáo
几块牌子，牌子上写着"小树不能摇"。

yì xīng qī hòu 　　shǎn diàn xióng hé péng you men gěi xiǎo shù zhī qǐ le zhú gān
一星期后，闪电熊和朋友们给小树支起了竹竿。

xiǎo shù men yǒu le zhī chēng 　　dōu bǎ zì jǐ de yāo gǎn zi tǐng de zhí zhí de
小树们有了支撑，都把自己的腰杆子挺得直直的。

shǎn diàn xióng hé péng you men hái jīng cháng gěi xiǎo shù jiāo shuǐ 　　shī féi 　　zhuō
闪电熊和朋友们还经常给小树浇水、施肥、捉

chóng 　　bá cǎo
虫、拔草……

zhè tiān 　　zhòng shù de rén lái le 　　yuán lái shì yí wèi lǎo yé ye 　　dāng kàn
这天，种树的人来了，原来是一位老爷爷。当看

dào shǎn diàn xióng hé péng you men máng lù de shēn yǐng shí 　　tā fàng xīn de xiào le 　　rán
到闪电熊和朋友们忙碌的身影时，他放心地笑了，然

hòu qiāo qiāo de zǒu le
后悄悄地走了。

知 识 拓 展

　　树木如果不能吸收足够的水分，就会渐渐枯死。但要是浇了
过多的水，水填满土壤间隙，使得空气无法进入，就会形成土
壤缺氧，也会危害树木的健康。为了使树木茁壮成长，我们一
定要尊重规律，给它们浇适量的水。

七彩塑料花

文 / 杨胡平

晚上刮了一夜的大风。天亮后，风停了，豆豆兔决定去找小伙伴们玩。

可当豆豆兔走出家门后，它傻眼了。只见树上和草地上，到处都是五颜六色、大小不一的塑料袋。清澈的河水里，也漂浮着彩色的塑料袋。

原来这些塑料袋，是森林里的动物们使用完后，丢到垃圾堆里的。昨晚刮大风，垃圾堆里的塑料袋被吹起来了。风停后，它们落在了树上、草地上和河里。有些塑料袋还散发出难闻的气味。

看着原本美丽的环境被这些塑料袋破坏了，豆豆兔决定找小伙伴们一起，清理这些垃圾。

这时，一群小动物走出家门。它们也看到了这些刺眼的塑料袋，都皱着眉头，议论纷纷。

"胖胖熊，你愿意和我一起去清理这些塑料袋吗？"豆豆兔来到了胖胖熊面前。

"我才不呢！这些塑料袋又不是我丢到这里的。"胖胖熊摇了摇头说。

"小松鼠，你愿意和我一起清理这些塑料袋吗？"豆豆兔来到了小松鼠面前。

"我才不呢！这些塑料袋太难闻了。"小松鼠不停地摆着手。

大家看到豆豆兔在喊自己一起清理塑料袋，纷纷逃走了。

豆豆兔只好独自清理塑料袋。它将草地上的塑料袋捡起来放在一起。不一会儿，它的面前便有了一大堆塑料袋。

"我该怎么处理这些塑料袋呢？"豆豆兔犯愁了，"烧掉它们的话，会污染空气；埋到土里的话，会污染土壤……"突然，豆豆兔高兴地说："我有办法了！"

豆豆兔将这些塑料袋洗干净后，按不同的颜色分开；然后，用这些不同颜色的塑料袋做成漂亮的七彩塑料花，挂在自己家

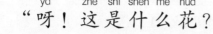

mén qián de yáng shù shàng
门前的杨树上。

yā zhè shì shén me huā
"呀！这是什么花？

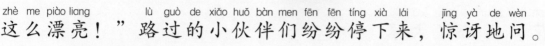

zhè me piào liang　　　lù guò de xiǎo huǒ bàn men fēn fēn tíng xià lái　　jīng yà de wèn
这么漂亮！"路过的小伙伴们纷纷停下来，惊讶地问。

zhè xiē huā shì wǒ yòng cǎo dì shàng de sù liào dài zuò chéng de　　　dòu dòu
"这些花是我用草地上的塑料袋做成的。"豆豆

tù huí dá
兔回答。

tài hǎo la　　wǒ men yě qù yòng sù liào dài zuò huā　　　dà jiā gāo xìng
"太好啦！我们也去用塑料袋做花。"大家高兴

de shuō
地说。

xiǎo hé lí tiào dào hé lǐ　　dǎ lāo sù liào dài　　lǎo yīng fēi shàng shù shāo
小河狸跳到河里，打捞塑料袋；老鹰飞上树梢，

qǔ xià sù liào dài　　　　dà jiā dōu gǎn lái bāng máng
取下塑料袋……大家都赶来帮忙。

bù yì huǐr　　　 sēn lín lǐ bèi dà fēng guā lái de sù liào dài tōng tōng bú jiàn

不一会儿，森林里被大风刮来的塑料袋通通不见

le　 dòu dòu tù yòng zhè xiē sù liào dài　 zuò chéng le piào liang de qī cǎi sù liào

了。豆豆兔用这些塑料袋，做成了漂亮的七彩塑料

huā　 sòng gěi le dà jiā

花，送给了大家。

tiān na　　 yuán lái yòng sù liào dài zuò chéng de huā zhè me hǎo kàn　　 wǒ men

"天哪！原来用塑料袋做成的花这么好看。我们

yǐ hòu zài yě bú luàn diū sù liào dài le　　　 dà huǒr　 bù hǎo yì si de shuō

以后再也不乱丢塑料袋了。"大伙儿不好意思地说。

hòu lái　 sēn lín lǐ yòu biàn de xiàng yǐ qián yí yàng měi lì le

后来，森林里又变得像以前一样美丽了。

知 识 拓 展

　　塑料垃圾不仅会影响农作物吸收养分，导致农作物减产，还很容易被动物误食。误食塑料垃圾的动物，会面临生命危险。此外，塑料垃圾填埋会占用土地，影响土地的可持续利用。为了守护好地球家园，我们要减少塑料制品的使用。